全国建材行业创新规划教材
高等职业教育校企"双元"合作活页式教材

水泥生料制备工艺技术

主　编｜乔丽娜　张向红　梁永在
副主编｜张巧伟　闫亚琼　杨永朝
参　编｜李丽霞　何金峥　许加达

中国建材工业出版社

图书在版编目（CIP）数据

水泥生料制备工艺技术/乔丽娜，张向红，梁永在主编．--北京：中国建材工业出版社，2022.10

全国建材行业创新规划教材 高等职业教育校企“双元”合作活页式教材

ISBN 978-7-5160-3398-2

Ⅰ.①水… Ⅱ.①乔… ②张… ③梁… Ⅲ.①水泥—生产工艺—高等职业教育—教材 Ⅳ.①TQ172.6

中国版本图书馆 CIP 数据核字（2021）第 247840 号

水泥生料制备工艺技术

Shuini Shengliao Zhibei Gongyi Jishu

主　编　乔丽娜　张向红　梁永在

副主编　张巧伟　闫亚琼　杨永朝

参　编　李丽霞　何金峥　许加达

出版发行：中国建材工业出版社

地　　址：北京市海淀区三里河路 11 号

邮　　编：100831

经　　销：全国各地新华书店

印　　刷：中煤（北京）印务有限公司

开　　本：787mm×1092mm　1/16

印　　张：14.75

字　　数：260 千字

版　　次：2022 年 10 月第 1 版

印　　次：2022 年 10 月第 1 次

定　　价：56.80 元

本社网址：www.jccbs.com，微信公众号：zgjcgycbs

请选用正版图书，采购、销售盗版图书属违法行为

前言

本书围绕新型干法水泥企业生料制备工艺，参考水泥生产工职业标准，结合新型活页式教材特点，基于教学内容与岗位能力要求相衔接的建设要求，深入企业调研，确定6个典型工作任务，其中包含16个子任务，打破以往的学科体系，突出读者自主学习的特点。同时基于职业教育专业课中理论主要服务于实际操作的教学特点，本书理论内容以必要为度，适当拓展，主要围绕使学习者更容易掌握的技术来展开。

本书将网络平台上的图片、视频、动画、微课等资料与教材有效对接，以二维码嵌入丰富、适用和具有引领创新作用的多种类型立体化、信息化课程资源，凸显教育信息化特点，方便读者学习，提高学习效率。此外，本书将“课程思政”有机融入教材，从而更好地发挥立德树人的重要作用。

本书由河北建材职业技术学院乔丽娜、张向红和河北省建筑材料工业设计研究院梁永在担任主编，河北建材职业技术学院张巧伟、闫亚琼和邢台金隅咏宁水泥有限公司杨永朝担任副主编。具体编写分工为：学习任务3和子任务4-1、4-2、5-1、5-2、5-3由乔丽娜编写，学习任务1由乔丽娜和张向红编写，学习任务2由乔丽娜、梁永在和河北建材职业技术学院李丽霞编写，学习任务6由乔丽娜、张巧伟和闫亚琼编写，子任务4-4和子任务5-5由乔丽娜和杨永朝编写，子任务4-3和子任务5-4由乔丽娜、秦皇岛市浅野水泥有限公司何金峥和博努力（北京）仿真技术有限公司许加达编写。全书由乔丽娜统稿定稿。

本书由邢台金隅冀东水泥有限公司高级工程师回胜科、邯郸金隅太行水泥有限责任公司总工孟凡星审阅，提出不少宝贵意见，在此致以衷心的感谢。

本书编写过程中参考了大量文献资料，未能一一列出，在此，向所有支持本书编写工作的同行及引用书籍、论文、网络资料的作者深表感谢！

由于编者水平所限，本书难免有不妥之处，恳请广大读者提出宝贵意见，以便及时更正和完善。

编　者

2022年7月

导言

1 课程性质描述

“水泥生料制备”是基于工作过程开发出来的学习课程，是建筑材料工程技术（水泥生产技术）专业必修的专业核心课程，也是“水泥生产工”国家职业技能标准中“水泥生料制备工”和“水泥生产中控员”两个工种的主要对接课程。

适用专业：建筑材料工程技术（水泥生产技术）

开设时间：第 3 学期

建议课时：64 学时

2 典型工作任务描述

水泥生料制备是新型干法水泥生产工艺过程的重要环节。本课程将企业典型工作任务转化为学习任务，共设计了硅酸盐水泥原料的选择、原料预均化处理、生料配比设计与计算、立式磨系统操作控制、辊压机终粉磨系统操作控制、生料均化操作 6 个学习任务，这些学习任务都是学生将来在企业中会遇到的实际工作情境。同时，按照企业工作流程，在教学过程中设计了教学活动，学生完成这些学习活动的同时也体验了完整的工作过程。

通过本课程的学习，让学生熟悉水泥生料制备系统流程，具备中控操作基本能力，以及及时发现问题、分析问题、解决问题的能力，树立团队协作、遵纪守法、忠于职守、安全环保、严格执行岗位规章制度的意识，增强交流沟通能力。

3 课程学习目标

通过本课程的学习，你应该：

（1）能读懂新型干法水泥生产工艺流程，能正确绘制生料制备工艺流程图。

（2）能合理选择生产通用硅酸盐水泥用石灰质原料、黏土质原料及辅助原料。

（3）能对硅酸盐水泥原料进行预均化处理，达到配料对其成分均匀程度要求。

（4）能进行硅酸盐水泥生料配方设计和配料计算，达到煅烧水泥熟料对其组成的要求。

（5）会立式磨系统主机设备操作控制，以及系统日常调节控制和常见故障分析处理。

（6）会辊压机终粉磨系统主机设备操作控制，以及系统日常调节控制和常见故障分析处理。

（7）能利用仿真软件进行中控室模拟操作，生料磨开车、停车、正常运行；能根据生产中常见故障的现象，分析产生的原因并能及时正确地排除故障，实现生料粉磨系统精细化操作。

（8）能进行水泥生料均化系统操作，以达到煅烧熟料对入窑生料均匀性的要求。

4　学习组织形式与方法

学生划分小组，每个小组就是一个工作小组，在小组划分时要兼顾学生的学习能力、性格等个体差异，以自愿为原则进行组合。教师根据实际工作任务设计教学情境，教师的角色是策划、分析、辅导、评估和激励。学生的角色是主体性学习，应主动思考、自己决定、实际动手操作。学生小组长要引导小组成员制定详细规划，并进行合理有效的分工。

本课程倡导行动导向教学，通过问题引导，促进学生进行主动思考和学习。学生在工作小组中互相合作共同完成工作任务。

5　学习任务设计

学习任务设计见表0-0-1。

表0-0-1　学习任务设计

序列	学习任务	载体	学习任务简介	建议学时
1	硅酸盐水泥原料的选择	5000t/d新型干法生产线	会合理选择生产硅酸盐水泥所用石灰质原料、黏土质原料及辅助原料	8
2	原料预均化处理	5000t/d新型干法生产线	根据配料对原料成分均匀程度的要求，对硅酸盐水泥原料进行预均化处理操作	6

续表

序列	学习任务	载体	学习任务简介	建议学时
3	生料配比设计与计算	5000t/d 新型干法生产线	根据煅烧水泥熟料对其组成的要求，设计、计算硅酸盐水泥生料配比方案	8
4	立式磨系统操作控制	5000t/d 新型干法生产线/仿真软件	会 TRM5341 立式磨操作控制，会立式磨系统日常调节控制和常见故障处理，利用仿真软件会立式磨系统冷态启动、停车模拟操作	18
5	辊压机终粉磨系统操作控制	5000t/d 新型干法生产线/仿真软件	会辊压机、V 型选粉机、卧式选粉机等设备操作控制，会辊压机终粉磨系统日常调节控制和常见故障处理，利用仿真软件会辊压机终粉磨系统冷态启动和停车模拟操作	18
6	生料均化操作	5000t/d 新型干法生产线	会水泥生料均化系统操作，达到煅烧水泥熟料对入窑生料均匀性的要求	6

6　学业评价

学业评价见表 0-0-2。

表 0-0-2　学业评价

学号	姓名	学习任务 1		学习任务 2		学习任务 3		学习任务 4		学习任务 5		学习任务 6		总分
		分值	比例（12%）	分值	比例（10%）	分值	比例（12%）	分值	比例（28%）	分值	比例（28%）	分值	比例（10%）	

目录

学习任务1

硅酸盐水泥原料的选择

情境描述

原料的成分和特性直接影响配料、粉磨、煅烧和熟料的质量，最终也影响水泥的质量。因此，了解和掌握原料的特性，正确地选择和合理地控制原料的质量，是水泥生产工艺中一个重要环节。请你结合实际情况，合理选择生产通用硅酸盐水泥的各种原料。

学习目标

本学习任务分为 3 个子任务，分别为认识通用硅酸盐水泥、主要原料的选择和辅助原料的选择。通过完成 3 个子任务，你应该具备：

培养大格局观，“以诚取信，质量为本”的理念，积极进取的人生态度，保护耕地的意识和固废资源化处理意识。

能说出硅酸盐水泥的组成材料、技术指标，能说出硅酸盐水泥熟料的化学组成和矿物组成。

能说出石灰质原料的作用，并能指出常用石灰质原料的种类及其质量控制；能说出黏土质原料的作用，并能指出常用黏土质原料的种类及其质量控制。

能说出校正原料的作用，并能指出常用校正原料的种类及其质量控制；懂得合理搭配、利用低品质原料和工业废渣。

子任务1-1 认识通用硅酸盐水泥

情境描述

通用硅酸盐水泥用量最大、使用最广泛，适用于绝大部分的工业与民用建筑。本教材所介绍水泥生料制备，以生产硅酸盐水泥熟料为目标。因此，你的第一个任务就是认识通用硅酸盐水泥。请你通过网络查阅资料、调研企业等，认识通用硅酸盐水泥及其核心材料——硅酸盐水泥熟料。

思政目标

心中要有大格局；

树立“以诚取信，质量为本”的理念，严格执行国家标准相关规定。

专业目标

能说出通用硅酸盐水泥的组成材料、品种；

能说出硅酸盐水泥的组成材料；

能说出硅酸盐水泥的物理指标和化学指标；

能根据通用硅酸盐水泥技术指标对其质量进行正确评判；

能说出硅酸盐水泥熟料的化学组成；

能说出硅酸盐水泥熟料的矿物组成及其矿物特性。

任务书

查阅文献、收集材料，调研秦皇岛某水泥厂5000t/d规模新型干法生产线（生产通用硅酸盐水泥），完成对通用硅酸盐水泥和硅酸盐水泥熟料的认知任务（表1-1-1）。

表 1-1-1　任务单

专业班组		班长		日期	
认知任务：通用硅酸盐水泥和硅酸盐水泥熟料					
检查意见：					
签章：					

任务分组

学生任务分配见表 1-1-2。

表 1-1-2　学生任务分配表

班级		组号		指导教师	
组长		学号			
成员任务分工情况					

学号	姓名	分工	学号	姓名	分工

工作准备

（1）收集《通用硅酸盐水泥》（GB 175—2007）有关通用硅酸盐水泥的组成、品种、技术指标等知识。

（2）阅读工作任务书，借阅或上网查询有关资料，获取硅酸盐水泥熟料化学组成和矿物组成等资料信息。

（3）结合任务书，完成通用硅酸盐水泥和硅酸盐水泥熟料的认知任务。

工作实施

（1）《通用硅酸盐水泥》（GB 175—2007）解读

■ 引导问题1：通用硅酸盐水泥是指以______________和适量的______________，及规定的______________制成的水硬性胶凝材料。

小提示

通用硅酸盐水泥 common portland cement

通用硅酸盐水泥是指以硅酸盐水泥熟料、适量的石膏，及规定的混合材料制成的水硬性胶凝材料。通用硅酸盐水泥按混合材料的品种和掺量分为硅酸盐水泥、普通硅酸盐水泥、矿渣硅酸盐水泥、火山灰质硅酸盐水泥、粉煤灰硅酸盐水泥和复合硅酸盐水泥。

胶凝材料

胶凝材料是指在物理、化学作用下，能从浆体变成坚固石状体，并能胶结其他物料而具有一定机械强度的物质。既可以在空气中硬化又可以在水中硬化的胶凝材料，称为水硬性胶凝材料；只能在空气中硬化的胶凝材料，称为气硬性胶凝材料。水泥属于前者。

■ 引导问题2：凡是由________________，________________的石灰石或粒化高炉矿渣，适量石膏磨细制成的________________，称为硅酸盐水泥。

小提示

硅酸盐水泥

凡是由硅酸盐水泥熟料、0～5%石灰石或粒化高炉矿渣及适量石膏磨细制成的水硬性胶凝材料，称为硅酸盐水泥（国外通称波特兰水泥）。硅酸盐水泥分为两种类型：不掺加混合材料的称Ⅰ型硅酸盐水泥，代号为P·Ⅰ，在硅酸盐水泥熟料粉磨时掺加不超过水泥质量5%石灰石或粒化高炉矿渣混合材料的称Ⅱ型硅酸盐水泥，代号为P·Ⅱ。

《通用硅酸盐水泥》GB 175—2007

课程思政 心中要有大格局

三个水泥匠的故事

三个水泥匠在砌砖墙。

一个路人走过，问：“你们在做什么？”

水泥匠甲说：“我在砌墙。”

水泥匠乙说：“我在建大楼。”

水泥匠丙说：“我在建一座美丽的城市。”

十年后，

甲仍是水泥匠，

乙成为建筑设计师，

丙则成了这个城市的领导者。

■ 引导问题3：硅酸盐水泥的物理指标有哪些？

____

____

____

■ 引导问题4：硅酸盐水泥的化学指标有哪些？

____

____

____

■ 引导问题5：如何通过国家标准中的具体指标对水泥的质量进行评价？

____

____

____

■ 引导问题6：完成下列有关通用硅酸盐水泥的判断题。

① 水泥在水中浸泡不能硬化。（ ）

② 凝结时间是便于工程施工的一个指标。（ ）

③ 国家标准规定，硅酸盐水泥的初凝时间不小于 45min。(　　)

④ 气硬性胶凝材料只能在空气中凝结硬化，水硬性胶凝材料只能在水中硬化。(　　)

⑤ 初凝时间不合格的水泥为不合格品。(　　)

⑥ 强度等级为 32. 5 的水泥，表示其 28d 抗折强度的最小值为 32. 5MPa。(　　)

⑦ 安定性不合格的水泥不能用于工程。(　　)

⑧ 检验游离氧化钙对水泥安定性的影响用沸煮法。(　　)

■ 引导问题 7：完成下列有关通用硅酸盐水泥的选择题。

① 磨水泥时加石膏，主要是（　　）。

A. 调节凝结时间　　B. 使水泥安定性合格

C. 提高水泥的强度　　D. 改善易磨性

② 硅酸盐水泥中 MgO 的含量为 8. 5%，则该水泥属于（　　）。

A. 合格品　　B. 不合格品

C. 废品　　D. 无法确定

③ 新型干法水泥厂规模通常用（　　）来表示。

A. 年产水泥量　　B. 日产熟料量

C. 年产熟料量　　D. 日产水泥量

小提示

硅酸盐水泥技术指标

① 化学指标：

硅酸盐水泥的化学指标，见表 1-1-3。

表 1-1-3　硅酸盐水泥的化学指标

品种	代号	不溶物（质量分数）	烧失量（质量分数）	三氧化硫（质量分数）	氧化镁（质量分数）	氯离子（质量分数）
硅酸盐水泥	P·I	≤0. 75	≤3. 0	≤3. 5	≤5. 0[a]	≤0. 06[b]
	P·Ⅱ	≤1. 50	≤3. 5			

a—如果水泥压蒸试验合格，则水泥中氧化镁的含量（质量分数）允许放宽至 6. 0%；

b—当有更低要求时，该指标由买卖双方协商确定。

② 物理指标：

硅酸盐水泥初凝时间不小于45min，终凝时间不大于390min。

硅酸盐水泥标准对安定性有严格要求，即沸煮法合格，而不是规定游离氧化钙的含量指标。

硅酸盐水泥划分为42.5、42.5R、52.5、52.5R、62.5、62.5R六个强度等级，其中R型为早强型水泥，其早期强度较高。各强度等级水泥的各龄期强度值不能低于表1-1-4的数值，只有四个强度值同时满足，才能划分到该强度等级。

表1-1-4　硅酸盐水泥的强度指标

品种	强度等级	抗压强度/MPa		抗折强度/MPa	
		3d	28d	3d	28d
硅酸盐水泥	42.5	≥17.0	≥42.5	≥3.5	≥6.5
	42.5R	≥22.0		≥4.0	
	52.5	≥23.0	≥52.5	≥4.0	≥7.0
	52.5R	≥27.0		≥5.0	
	62.5	≥28.0	≥62.5	≥5.0	≥8.0
	62.5R	≥32.0		≥5.5	

课程思政　以诚取信，质量为本

“质量第一，信誉至上，诚信为本，服务客户”是企业生存发展的根本，要树立“以诚取信，质量为本”的理念，严格执行国家标准相关规定。我们要学习商鞅城门立木，信奉执政以法、信守承诺的观点理念。

“城门立木”典故：公元前356年和公元前350年，商鞅先后两次实行变法。开始推行革新时，为了取信于民，他派人在城中竖立一木，并告知：“谁人

能将之搬到城门，便赏赐十金。”秦民无人敢信，后加至五十金，于是有人扛起木头搬到城门，果然获赏五十金，从此宣示与开展孝公变法，史称“徙木立信”。

（2）硅酸盐水泥熟料

■ 引导问题8：硅酸盐水泥熟料的主要化学组分有__________、__________、__________和__________；其中含量最高的组分是__________。

小提示

硅酸盐水泥熟料化学组成

硅酸盐水泥熟料主要由氧化钙（CaO，简写C）、二氧化硅（SiO_2，简写S）、氧化铝（Al_2O_3，简写A）和氧化铁（Fe_2O_3，简写F）四种氧化物组成。通常这四种氧化物总量在熟料中占95%以上。每种氧化物含量虽然不是固定不变，但其含量变化范围很小。四种主要氧化物含量的波动范围为：

CaO　　62%～67%

SiO_2　　20%～24%

Al_2O_3　　4%～7%

Fe_2O_3　　2.5%～6.0%

水泥熟料中除了上述四种主要氧化物以外，还有含量不到5%的其他少量氧化物，如氧化镁（MgO）、氧化钛（TiO_2）、三氧化硫（SO_3）等。

企业案例

葛洲坝某水泥有限公司2019年4月熟料成分控制如下：

生产日期	化学成分/%								率值			抗压强度/MPa	
	CaO	SiO_2	Al_2O_3	Fe_2O_3	MgO	SO_3	K_2O	Na_2O	*KH*	*SM*	*IM*	3d	28d
04-18	64.69	21.82	5.10	3.58	2.08	0.61	0.58	0.17	0.901	2.51	1.42	31.6	60.2
04-19	64.69	21.88	5.08	3.56	2.12	0.61	0.57	0.17	0.899	2.53	1.43	31.1	58.9

续表

生产日期	化学成分/%								率值			抗压强度/MPa	
	CaO	SiO_2	Al_2O_3	Fe_2O_3	MgO	SO_3	K_2O	Na_2O	*KH*	*SM*	*IM*	3d	28d
04-20	64.95	21.84	5.05	3.54	2.05	0.60	0.56	0.17	0.906	2.54	1.43	31.5	58.0
04-21	65.09	21.86	5.03	3.51	1.98	0.63	0.58	0.17	0.908	2.56	1.43	31.4	59.1
04-22	65.00	21.87	5.00	3.49	1.96	0.63	0.59	0.16	0.907	2.58	1.43	31.6	58.5
04-26	65.06	21.63	5.29	3.66	1.71	0.56	0.56	0.16	0.909	2.42	1.45	31.4	59.1
04-27	64.64	21.82	5.30	3.68	1.75	0.53	0.60	0.16	0.894	2.43	1.44	30.3	59.4
04-28	64.96	21.71	5.15	3.65	1.68	0.55	0.57	0.17	0.908	2.47	1.41	32.9	60.7

■ 引导问题9：硅酸盐水泥熟料中除了上述主要化学组分外，还有哪些组分？

____

____

____

____

硅酸盐水泥熟料

■ 引导问题10：硅酸盐水泥熟料主要矿物组成中硅酸盐矿物有________、________，熔剂型矿物有________、________。一般新型干法水泥熟料中硅酸盐矿物含量应在________左右。

■ 引导问题11：硅酸盐水泥熟料中除了上述四种主要矿物外，还有哪些组分？

____

____

____

____

小提示

硅酸盐水泥熟料矿物组成

硅酸盐水泥之所以是一种水硬性胶凝材料，是因为水泥熟料中含有水硬性矿物，硅酸盐水泥的性质在极大程度上取决于熟料矿物的组成。

硅酸盐水泥熟料主要由以下四种矿物组成：

硅酸三钙 $3CaO \cdot SiO_2$，简写 C_3S；

硅酸二钙 $2CaO \cdot SiO_2$，简写 C_2S；

铝酸三钙 $3CaO \cdot Al_2O_3$，简写 C_3A；

铁相固熔体通常以铁铝酸四钙 $4CaO \cdot Al_2O_3 \cdot Fe_2O_3$ 作为其代表式，简写 C_4AF。

这四种熟料矿物决定着硅酸盐水泥的主要性能，一般硅酸盐水泥熟料中，这四种矿物组成占95%以上。其中 C_3S 和 C_2S 约占75%，称为硅酸盐矿物；C_3A 和 C_4AF 约占22%，它们在1250～1280℃会熔融为液相以促进 C_3S 顺利形成，故称为熔剂型矿物。

此外，还有少量的游离氧化钙、方镁石、玻璃体等。

企业案例

某水泥有限公司两种水泥原材料配比：石灰石86.5%，硅石5.5%，煤矸石2.0%，钢渣和绿铁粉6.0%；石灰石87.6%，硅石2.5%，煤矸石2.4%，红铁粉7.5%。其熟料矿物组成如下：

配料方案	C_3S/%	C_2S/%	C_3A/%	C_4AF/%	KH	SM	IM
钢渣和绿铁粉	52.77	22.39	7.33	9.24	0.880	2.80	1.55
红铁粉	51.83	21.71	8.02	10.12	0.880	2.60	1.55

■ 引导问题12：完成下列选择题。

① 硅酸盐水泥熟料中的 C_3S 并不是以纯的形式存在，而是熔进少量氧化物形成固溶体，称为（　　）。

A. A矿　　B. B矿　　C. C矿　　D. D矿

A矿和B矿

② 硅酸盐水泥熟料中的 C_2S 并不是以纯的形式存在，而是熔进少量氧化物形成固溶体，称为（　　）。

A. A矿　　B. B矿　　C. C矿　　D. D矿

③ 硅酸盐水泥熟料中的 C_4AF 并不是以纯的形式存在，而是熔进少量氧化物形成固溶体，称为（　　）。

A. A矿　　B. B矿　　C. C矿　　D. D矿

■ 引导问题13：简述硅酸盐水泥熟料中四种主要矿物的特性。

■ 引导问题14：简述游离氧化钙（f-CaO）对水泥安定性的影响。

■ 引导问题15：完成下列有关硅酸盐水泥熟料的选择题。

① 下列矿物中早期强度最高的矿物是（　　）。

A. C_2S　　B. C_3A　　C. C_4AF　　D. C_3S

② 引起水泥快凝的矿物主要是（　　）。

A. C_2S　　B. C_3A　　C. C_4AF　　D. C_3S

③ 低热水泥，必须降低（　　）的含量。

A. C_3S 和 C_3A　　B. C_2S　　C. C_4AF　　D. 以上都是

④ 水化放热速率最快的矿物是（　　）。

A. C_3S　　B. C_2S　　C. C_3A　　D. C_4AF

⑤ 硅酸盐水泥熟料化学成分最多的是（　　）。

A. CaO　　B. SiO_2　　C. Al_2O_3　　D. Fe_2O_3

评价反馈

准备阐述材料，完成学习任务汇报表（表 1-1-5）和任务评价表（表 1-1-6），各组代表报告结果，介绍任务的完成过程。

表 1-1-5　学习任务汇报表

<table>
<tr><td>班级</td><td></td><td>组号</td><td></td><td>指导教师</td><td></td></tr>
<tr><td>任务目标</td><td colspan="5"></td></tr>
<tr><td rowspan="4">分工情况</td><td>姓名</td><td>任务分工</td><td>姓名</td><td colspan="2">任务分工</td></tr>
<tr><td></td><td></td><td></td><td colspan="2"></td></tr>
<tr><td></td><td></td><td></td><td colspan="2"></td></tr>
<tr><td></td><td></td><td></td><td colspan="2"></td></tr>
<tr><td>陈述讨论</td><td colspan="5"></td></tr>
<tr><td>学习成果</td><td colspan="5"></td></tr>
<tr><td>学习体会</td><td colspan="5"></td></tr>
</table>

表 1-1-6　学习任务评价表

班级：	姓名：		学号：			
子任务 1-1	认识通用硅酸盐水泥					
评价项目	评价内容	分值	评价			综合得分
			自评	互评	师评	
职业素养 30%	态度端正，无缺勤、迟到、早退现象	5				
	穿戴整洁，仪表大方	5				
	积极参加教学活动，能按时完成工作任务	5				
	团队合作、与人交流能力	5				
	心中要有大格局	5				
	树立“以诚取信、质量为本”的理念，严格执行国家标准相关规定	5				
专业能力 70%	能说出通用硅酸盐水泥的组成材料、品种	10				
	能说出硅酸盐水泥的组成材料	5				
	能说出硅酸盐水泥的物理指标和化学指标	20				
	能根据通用硅酸盐水泥技术指标对其质量进行正确评判	10				
	能说出硅酸盐水泥熟料的化学组成	10				
	能说出硅酸盐水泥熟料的矿物组成及其矿物特性	15				
合计		100				

子任务1-2 主要原料的选用

情境描述

生产通用硅酸盐水泥的主要原料是石灰质原料（主要提供氧化钙）和黏土质原料（主要提供氧化硅和氧化铝，也提供部分氧化铁）。请你结合实际情况，合理选择生产通用硅酸盐水泥用的主要原料。

思政目标

树立积极进取的人生态度，在艰苦的环境中磨炼意志；

树立保护耕地、保护环境的意识。

专业目标

能说出石灰质原料的作用；

能指出常用石灰质原料的种类及其质量控制；

能说出黏土质原料的作用；

能指出常用黏土质原料的种类及其质量控制。

任务书

秦皇岛某水泥厂5000t/d规模新型干法生产线生产通用硅酸盐水泥，请结合当地情况，合理选择石灰质原料和黏土质原料，见表1-2-1。

表 1-2-1　任务单

专业班组		班长		日期	
选材任务：石灰质原料和黏土质原料					
检查意见：					
签章：					

任务分组

学生任务分配见表 1-2-2。

表 1-2-2　学生任务分配表

<table>
<tr><td>班级</td><td colspan="3"></td><td>组号</td><td></td><td>指导教师</td><td colspan="2"></td></tr>
<tr><td>组长</td><td colspan="3"></td><td>学号</td><td colspan="4"></td></tr>
<tr><td rowspan="4">成员任务
分工情况</td><td>学号</td><td>姓名</td><td colspan="2">分工</td><td>学号</td><td>姓名</td><td colspan="2">分工</td></tr>
<tr><td></td><td></td><td colspan="2"></td><td></td><td></td><td colspan="2"></td></tr>
<tr><td></td><td></td><td colspan="2"></td><td></td><td></td><td colspan="2"></td></tr>
<tr><td></td><td></td><td colspan="2"></td><td></td><td></td><td colspan="2"></td></tr>
</table>

工作准备

（1）阅读工作任务书，借阅或上网查询有关的资料，获取石灰质原料和黏土质原料等资料信息。

（2）收集水泥企业所用石灰质原料和黏土质原料的种类及其质量控制情况信息。

（3）结合任务书分析、制定主要原料的选材方案。

工作实施

（1）石灰质原料的选用

■ 引导问题1：石灰质原料在水泥生产中的主要作用是提供________，其主要成分是______________。

■ 引导问题2：常用的天然石灰质原料有哪些？我国水泥厂常用哪种？

小提示

石灰质原料

凡是以碳酸钙为主要成分的原料都属于石灰质原料。石灰质原料在水泥生产中的主要作用是提供 CaO，其次还提供 SiO_2、Al_2O_3、Fe_2O_3，并同时带入少许杂质 MgO、SO_3、R_2O、Cl^-等。它可分为天然石灰质原料和人工石灰质原料两类。水泥生产中常用的是含有碳酸钙（$CaCO_3$）的天然矿石。它是水泥生产中用量最大的一种原料，占生料的 80% 左右。

石灰质原料

常用的天然石灰质原料有石灰石、泥灰岩、白垩、大理石、贝壳等。我国大部分水泥厂使用石灰岩（俗称石灰石），泥灰岩次之。

■ 引导问题3：水泥工艺员在选择石灰质原料时，要考虑哪些问题？

■ 引导问题 4：石英、燧石对生料易磨性、易烧性的影响是什么？

■ 引导问题 5：方解石晶体的大小对生料易烧性的影响是什么？

■ 引导问题 6：填写石灰质原料的质量控制要求。

品位		CaO/%	MgO/%	R_2O/%	SO_3/%	f-SiO_2/%	Cl^-/%
石灰石	一级品			<1.0			<0.015
	二级品		<3.0		<1.0	<6.0	
泥灰岩			<3.0	<1.2	<1.0	<4.0	<0.015

小提示

石灰质原料的品位

使用最广泛的石灰质原料是石灰石，其主要成分是 $CaCO_3$，纯石灰石的 CaO 最高含量为 56%，其品位由 CaO 含量确定，其有害成分为 MgO、R_2O（Na_2O、K_2O）、f-SiO_2、Cl^-等。水泥工业中通常将石灰石、泥灰岩根据其中氧化钙、杂质含量分成不同品位，见表 1-2-3。

表 1-2-3　石灰质原料的品位

品位		CaO/%	MgO/%	R_2O/%	SO_3/%	f-SiO_2/%	Cl^-/%
石灰石	一级品	>48	<2.5	<1.0	<1.0	<6.0	<0.015
	二级品	45～48	<3.0	<1.0	<1.0	<6.0	<0.015
泥灰岩		35～45	<3.0	<1.2	<1.0	<4.0	<0.015

注：$R_2O=0.658K_2O+Na_2O$（此表选自水泥厂设计手册）。

■ 引导问题7：查阅文献资料，哪些工业废渣可以代替石灰质原料？

____

____

____

____

____

____

____

____

____

____

____

____

____

课程思政 积极进取的人生态度

《石灰吟》是明代政治家、文学家于谦创作的一首七言绝句。此诗托物言志，字面上是咏石灰，实际借物喻人，处处以石灰自喻，咏石灰即咏自己磊落的襟怀和崇高的人格。表达自己要和石灰一样，不怕艰难、不惜牺牲、坚守清白、积极进取，决心在艰苦中磨炼，准备为社会贡献自己力量。

石灰吟

［明］ 于谦

千锤万凿出深山，烈火焚烧若等闲。

粉骨碎身浑不怕，要留清白在人间。

（2）黏土质原料的选用

■ 引导问题8：黏土质原料主要成分为________，其次为________________，是生产硅酸盐水泥熟料的第二大原料。

■ 引导问题9：我国天然黏土质原料有哪些种类？水泥厂主要用哪类？

____

____

____

____

____

____

小提示

黏土质原料

黏土质原料系指含水铝硅酸盐矿物原料的总称，主要化学成分是 SiO_2，其次是 Al_2O_3、Fe_2O_3。在水泥生产中，它主要供给熟料中所需要的酸性氧化物（SiO_2、Al_2O_3、Fe_2O_3）。一般生产 1t 熟料需 0.3～0.4t 黏土质原料，在生料中占 10%～17%。

黏土质原料

我国水泥工业采用的天然黏土质原料有黏土、黄土、页岩、泥岩、粉砂岩及河泥等。在华北、西北地区以黄土为主，东北地区以灰色及灰黄色黏土为主，南方地区以红壤、黄壤等黏土为主。随着国民经济的发展以及水泥厂大型化的趋势，为保护耕田地、不占农田，近年来多用页岩、粉砂岩等为黏土质原料。

■ 引导问题10：请填写黏土质原料的质量控制指标。

品位	*SM*	*IM*	MgO/%	R_2O/%	SO_3/%	Cl^-/%
一级品			<3.0	<4.0	<2.0	<0.015
二级品		不限	<3.0	<4.0	<2.0	<0.015

小提示

黏土质原料的品位

黏土主要以其化学成分（硅率、铝率）、含砂量、碱含量等衡量质量。黏土质原料的分级见表1-2-4。

表1-2-4 黏土质原料的分级

品位	*SM*	*IM*	MgO/%	R_2O/%	SO_3/%	Cl^-/%
一级品	2.7～3.5	1.5～3.5	<3.0	<4.0	<2.0	<0.015
二级品	2.0～2.7/3.5～4.0	不限	<3.0	<4.0	<2.0	<0.015

注：$R_2O=0.658K_2O+Na_2O$（此表选自水泥厂设计手册）。

■ 引导问题11：当黏土质原料硅率 $n=2.0\sim2.7$ 时，应当（　　）来保证配料要求。

A. 一般需掺用硅质原料来提高含硅量

B. 掺加铝质校正原料

C. 一般需与一级品或含硅量低的二级品黏土质原料搭配使用

D. 无须调整，正常配料即可

■ 引导问题12：选择黏土质原料时应注意哪些问题？

____

____

____

____

____

____

■ 引导问题13：举例说明哪些工业废渣可代替黏土质原料？

____

____

____

____

____

____

课程思政 保护耕地，保护环境

保护一寸土，留予后人金；守护一寸土，万物皆共生；呵护一寸土，换得肥沃田；爱护一寸土，国在山河在；保护耕地，功在当代，利在千秋！

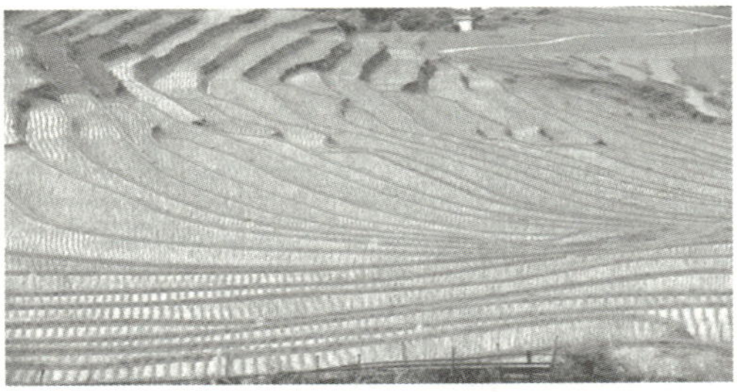

评价反馈

准备阐述材料，完成学习任务汇报表（表1-2-5）和任务评价表（表1-2-6），各组代表报告选材结果，介绍任务的完成过程。

表1-2-5　学习任务汇报表

<table>
<tr><td>班级</td><td></td><td>组号</td><td></td><td>指导教师</td><td></td></tr>
<tr><td>任务目标</td><td colspan="5"></td></tr>
<tr><td>分工情况</td><td colspan="5"><table>
<tr><td>姓名</td><td>任务分工</td><td>姓名</td><td>任务分工</td></tr>
<tr><td></td><td></td><td></td><td></td></tr>
<tr><td></td><td></td><td></td><td></td></tr>
<tr><td></td><td></td><td></td><td></td></tr>
</table></td></tr>
<tr><td>陈述讨论</td><td colspan="5"></td></tr>
</table>

续表

学习成果	
学习体会	

表 1-2-6 学习任务评价表

<table>
<tr><td colspan="2">班级：</td><td colspan="2">姓名：</td><td colspan="4">学号：</td></tr>
<tr><td>子任务 1-2</td><td colspan="7">主要原料的选用</td></tr>
<tr><td rowspan="2">评价项目</td><td rowspan="2">评价内容</td><td rowspan="2">分值</td><td colspan="3">评价</td><td rowspan="2">综合得分</td></tr>
<tr><td>自评</td><td>互评</td><td>师评</td></tr>
<tr><td rowspan="5">职业素养
30%</td><td>态度端正，无缺勤、迟到、早退现象</td><td>6</td><td></td><td></td><td></td><td></td></tr>
<tr><td>穿戴整洁，仪表大方</td><td>6</td><td></td><td></td><td></td><td></td></tr>
<tr><td>积极参加教学活动，能按时完成工作任务</td><td>6</td><td></td><td></td><td></td><td></td></tr>
<tr><td>树立积极进取的人生态度，在艰苦中磨炼为社会贡献自己力量的抱负</td><td>6</td><td></td><td></td><td></td><td></td></tr>
<tr><td>树立保护耕地、保护环境的意识</td><td>6</td><td></td><td></td><td></td><td></td></tr>
</table>

续表

专业能力 70%	能说出石灰质原料的作用	10				
	能指出常用石灰质原料的种类	10				
	能指出石灰质原料的质量控制	15				
	能说出黏土质原料的作用	10				
	能指出常用黏土质原料的种类	10				
	能指出黏土质原料的质量控制	15				
合计		100				

子任务1-3 各种辅助原料的选用

情境描述

我国黏土质原料及煤炭灰分中一般含氧化铝较高，而含氧化铁不足。因此，使用天然原料的水泥厂，绝大部分需要加入铁质校正原料。此外，在实际生产过程中，根据具体生产情况有时需要加入一些其他材料，如加入低品位原料或工业废渣等以降低成本。请你结合实际情况，合理选择生产通用硅酸盐水泥用的各种辅助原料。

思政目标

树立固废资源化处理意识，从垃圾分类开始。

专业目标

能说出校正原料的作用；

能指出常用校正原料的种类；

能指出常用校正原料的质量控制指标；

懂得合理搭配，利用低品质原料和工业废渣。

任务书

秦皇岛某水泥厂5000t/d规模新型干法生产线生产通用硅酸盐水泥，请结合当地情况，合理选择各种辅助原料。任务单见表1-3-1。

表1-3-1　任务单

<table>
<tr><td>专业班组</td><td></td><td>班长</td><td></td><td>日期</td><td></td></tr>
<tr><td colspan="6">选材任务：校正原料、低品位原料、工业废渣</td></tr>
<tr><td colspan="6">检查意见：</td></tr>
<tr><td colspan="6">签章：</td></tr>
</table>

任务分组

学生任务分配见表1-3-2。

表1-3-2　学生任务分配表

<table>
<tr><td>班级</td><td></td><td>组号</td><td></td><td>指导教师</td><td colspan="2"></td></tr>
<tr><td>组长</td><td></td><td>学号</td><td colspan="4"></td></tr>
<tr><td rowspan="4">成员任务
分工情况</td><td>学号</td><td>姓名</td><td>分工</td><td>学号</td><td>姓名</td><td>分工</td></tr>
<tr><td></td><td></td><td></td><td></td><td></td><td></td></tr>
<tr><td></td><td></td><td></td><td></td><td></td><td></td></tr>
<tr><td></td><td></td><td></td><td></td><td></td><td></td></tr>
</table>

工作准备

（1）阅读工作任务书，借阅或上网查询有关资料，获取校正原料、低品位原料、工业废渣等资料信息。

（2）收集水泥企业所用校正原料、低品位原料、工业废渣的种类及其质量控制情况信息。

（3）结合任务书分析、制定各种辅助原料的选材方案。

工作实施

（1）校正原料的选用

■ 引导问题1：校正原料是指________________________________。

■ 引导问题2：常用校正原料有哪些？

____

____

____

____

____

____

■ 引导问题3：填写校正原料的质量控制指标。

指标	*SM*	SiO_2/%	MgO/%	R_2O/%	SO_3/%	Cl^-/%	Fe_2O_3/%	Al_2O_3/%
硅质校正原料			<3.0	<4.0	<1.0	<0.015	—	—
铁质校正原料	—	—	<3.0	<2.0	<2.0	<0.015		—
铝质校正原料	—	—	<3.0	<2.0	<1.0	<0.015	—	

小提示

校正原料

当石灰质原料和黏土质原料配合所得生料成分不符合配料方案要求时，必须根据所缺少的组分掺加相应的原料，这种以补充某些成分不足为主的原料称校正原料。

常用校正原料主要有铁质校正原料、硅质校正原料和铝质校正原料。校正原料的质量要求见表1-3-3。

校正原料

表 1-3-3　校正原料的质量要求

指标	*SM*	SiO_2/%	MgO/%	R_2O/%	SO_3/%	Cl^-/%	Fe_2O_3/%	Al_2O_3/%
硅质校正原料	>4	>70～90	<3.0	<4.0	<1.0	<0.015	—	—
铁质校正原料	—	—	<3.0	<2.0	<2.0	<0.015	>40	—
铝质校正原料	—	—	<3.0	<2.0	<1.0	<0.015	—	>30

（2）低品质原料和工业废渣的综合利用

■ 引导问题 4：完成某水泥企业石灰石搭配表（表 1-3-4），根据分析化学成分数据，分析不同来源单位石灰质原料、搭配后的石灰质原料的品位。

表 1-3-4　校正原料的质量要求

来料单位	数量/t	SiO_2/%	Al_2O_3/%	Fe_2O_3/%	CaO/%	MgO/%	含泥量/%	搭配比例/%
矿业 1	32862.80	9.17	2.3	0.85	46.04	1.26	19.9	71.2
矿业 2	11485.38	7.12	0.98	0.35	48.97	0.46	18.4	24.9
矿业 3	1784.08	3.75	1.11	0.47	50.71	1.38	17.2	3.9
堆场 4	46132.26					1.07	19.4	100

不同来源单位石灰质原料、搭配后的石灰质原料的品位分析：

石灰石粉

■ 引导问题 5：简述水泥厂工业废渣的利用情况。

低品质原料和工业废渣

课程思政 垃圾分类，举手之劳

现代水泥企业向着资源综合利用中心方向发展。垃圾是放错位置的资源，树立固废资源化处理的意识，从垃圾分类开始。

评价反馈

准备阐述材料，完成学习任务汇报表（表1-3-5）和学习任务评价表（表1-3-6），各组代表报告结果，介绍任务的完成过程。

表1-3-5 学习任务汇报表

<table>
<tr><td>班级</td><td></td><td>组号</td><td></td><td>指导教师</td><td></td></tr>
<tr><td>任务目标</td><td colspan="5"></td></tr>
<tr><td>分工情况</td><td colspan="5"><table><tr><td>姓名</td><td>任务分工</td><td>姓名</td><td>任务分工</td></tr><tr><td></td><td></td><td></td><td></td></tr><tr><td></td><td></td><td></td><td></td></tr><tr><td></td><td></td><td></td><td></td></tr></table></td></tr>
<tr><td>陈述讨论</td><td colspan="5"></td></tr>
</table>

续表

学习成果	
学习体会	

表 1-3-6　学习任务评价表

班级：	姓名：	学号：				
子任务 1-3	各种辅助原料的选用					
评价项目	评价内容	分值	评价			综合得分
			自评	互评	师评	
职业素养 30%	态度端正，无缺勤、迟到、早退现象	6				
	穿戴整洁，仪表大方	6				
	积极参加教学活动，能按时完成工作任务	6				
	团队合作、与人交流能力	6				
	树立固废资源化处理意识，从垃圾分类开始	6				
专业能力 70%	能说出校正原料的作用	15				
	能指出常用校正原料的种类	15				
	能指出校正原料的质量控制指标	20				
	懂得合理搭配、利用低品质原料和工业废渣	20				
合计		100				

学习任务 2

原料预均化处理

情境描述

一般地，原料的化学成分、灰分及热值等存在一定的波动范围，有时波动还比较大。若不采取必要的均化措施，尤其是当原料的成分波动较大时，势必影响原料的准确配料，从而不利于制备成分高度均齐的生料；当煤质的灰分和热值波动较大时，必然影响到熟料煅烧热工制度的稳定。上述两方面的情况存在时，就无法保证熟料的质量及维持生产的正常进行和设备长期安全运转。另一方面，某些品质略差的原料将受限而无法采用，不利于资源的综合利用。

请设计预均化工艺，完成原料的预均化作业，使其达到配料对原料成分均匀程度的要求。

学习目标

本学习任务分解成 2 个子任务，分别为预均化堆场工艺设计和原料预均化处理作业。通过完成 2 个子任务，应该具备：

培养创新意识和安全作业意识。

能正确理解预均化原理，能说出评价指标与均化效果的关系，能区分矩形和圆形预均化堆场的特点，会选择堆取料方式，并能指出其存在问题，会选择堆取料设备，并能指出其特点。

能通过分析影响均化效果因素提出改善措施，会处理堆料机行走溜车、行走车轮跑偏啃轨等常见故障。

子任务2-1 预均化堆场工艺设计

情境描述

生产水泥的原料应满足以下工艺要求：

（1）化学成分必须满足配料的要求，以能制得成分合适的熟料，否则会使配料困难，甚至无法配料。

（2）有害杂质的含量应尽量少，以利于工艺操作和水泥的质量。

（3）应具有良好的工艺性能，如易磨性、易烧性、热稳定性、易混合性等。

请你通过网络查阅资料、调研企业等，设计5000t/d规模新型干法生产线原料预均化堆场。

专业目标

能正确理解预均化原理，能说出评价指标与均化效果的关系；

能区分矩形和圆形预均化堆场的特点，并能合理选择；

会选择合理堆取料方式，并能指出其存在问题；

会选择合理堆取料设备，并能指出其特点。

任务书

秦皇岛某水泥厂5000t/d规模新型干法生产线生产通用硅酸盐水泥，使用原料为石灰石、砂页岩、粉煤灰、铁矿石，请合理设计预均化堆场工艺方案。任务单见表2-1-1。

表 2-1-1　任务单

<table>
<tr><td>专业班组</td><td></td><td>班长</td><td></td><td>日期</td><td></td></tr>
<tr><td colspan="6">设计任务：原料预均化堆场工艺方案</td></tr>
<tr><td colspan="6">检查意见：</td></tr>
<tr><td colspan="6">签章：</td></tr>
</table>

任务分组

学生任务分配见表 2-1-2。

表 2-1-2　学生任务分配表

<table>
<tr><td>班级</td><td colspan="2"></td><td>组号</td><td colspan="2"></td><td>指导教师</td></tr>
<tr><td>组长</td><td colspan="2"></td><td>学号</td><td colspan="3"></td></tr>
<tr><td rowspan="4">成员任务
分工情况</td><td>学号</td><td>姓名</td><td>分工</td><td>学号</td><td>姓名</td><td>分工</td></tr>
<tr><td></td><td></td><td></td><td></td><td></td><td></td></tr>
<tr><td></td><td></td><td></td><td></td><td></td><td></td></tr>
<tr><td></td><td></td><td></td><td></td><td></td><td></td></tr>
</table>

工作准备

（1）阅读工作任务书，借阅或上网查询有关的资料，获取预均化原理、预均化效果评价指标、预均化堆场、堆取料方式、影响均化效果因素及措施等有效信息。

（2）收集水泥厂预均化工艺、设备设施等资料。

（3）结合任务书，制定原料预均化堆场方案。

工作实施

（1）预均化原理

■ 引导问题 1：通过采用一定的工艺措施，达到降低物料的化学成分波动振幅，使物料的化学成分均匀一致的过程称为________________。

■ 引导问题 2：什么是预均化？

____

____

____

____

小提示

基本概念

均化：通过采用一定的工艺措施，达到降低物料的化学成分波动振幅，使物料的化学成分均匀一致的过程。

预均化：原料经过破碎后，有一个储存、再存取的过程。在这个过程中采用不同的储取方法，使储入时成分波动大的原料，至取出时成为比较均匀的原料的过程。

生料均化：粉磨后生料在储存过程中利用多库搭配、机械倒库和气力搅拌等方法，使生料成分趋于一致。

■ 引导问题 3：完成生料均化链的相关内容。

环节名称	完成均化工作量的任务/%

小提示

生料均化链

生料均化链见表 2-1-3。

表 2-1-3 生料均化链

环节名称	完成均化工作量的任务/%
原料矿山的搭配开采与搭配使用	10～20
原料的预均化	30～40
配料控制及生料粉磨	0～10
生料均化	30～40

■ 引导问题 4：预均化的基本原理可以简单地概括为________________，即堆放时，尽可能地以__________（平行或垂直）、上下重叠的同厚度的料层构成料堆；取料时，按____________________（平行或垂直）的截面对所有料层切取一定厚度物料。

■ 引导问题 5：原料预均化的条件是什么？

____

____

____

____

小提示

原燃材料预均化的条件

变异系数 $C_v<5\%$ 时，原料的均匀性良好，不需要进行预均化。

变异系数 $C_v=5\%\sim10\%$ 时，原料的成分有一定的波动。若其他原料质量不稳定，生料均化链中后两个环节的效果不好，矿石中的夹石、夹土多，此时应考虑该原料的预均化。

变异系数 $C_v>10\%$ 时，原料的均匀性很差，成分波动大，必须进行预均化。

校正原料一般不考虑单独进行预均化，黏土质原料既可以单独预均化，也可以与石灰石配合后一起进行预均化。

煤的灰分波动大于±5% 时，应考虑煤的预均化。当使用的煤种较多、热值各异、灰分化学成分各异，对熟料的成分及生产控制将造成一定影响时，应考虑煤的预均化。

（2）均化效果的评价指标

■ 引导问题6：什么是标准偏差？与均化效果的关系如何？

____

____

____

____

■ 引导问题7：什么是变异系数？与均化效果的关系如何？

____

____

____

____

■ 引导问题8：什么是均化效果？与均化效果的关系如何？

____

____

____

____

■ 引导问题9：什么是合格率？与均化效果的关系如何？

____

____

____

____

小提示

均化效果的评价指标

（1）标准偏差

标准偏差是数理统计学中的一个数学概念。它应用于水泥工业时，是一项表示物料成分均匀性的指标，其值越小，物料的成分越均匀。

标准偏差可以由下式求得：

$$S = \sqrt{\frac{1}{n-1}\sum_{i=1}^{n}(x_i - \overline{x})^2}$$

$$\overline{x} = \frac{1}{n}\sum_{i=1}^{n}x_i$$

式中 S——标准偏差，%；

n——试样总数或测量次数，一般 n 值不应少于 20 ~ 30 个；

x_i——物料中某成分的各次测量值，即 $x_1 \sim x_n$；

$\overline{x}$——各次测量的平均值。

（2）变异系数

变异系数为标准偏差 S 与各次测量值算术平均值 $\overline{x}$ 的比值，通常用 C_v 表示。它表示物料成分的相对波动情况，其值越小，成分的均匀性越好。

变异系数可由下式计算：

$$C_v = \frac{S}{\overline{x}} \times 100\%$$

式中 C_v——变异系数。

（3）均化效果

均化效果又称均化倍数或均化系数，指均化前物料的标准偏差与均化后物料的标准偏差之比，即

$$H = \frac{S_{进}}{S_{出}}$$

式中 H——均化效果；

$S_{进}$——进入均化设施之前物料的标准偏差；

$S_{出}$——出均化设施时物料的标准偏差。

H 用来描述均化设施性能，H 越大，表示均化效果越好。

（4）合格率

合格率是指若干个样品在规定质量标准上下限之内的百分率。这种方法虽然可以反映物料成分的均匀性，但不能反映全部样品的波动幅度及其成分分布特性。

■ 引导问题 10：完成有关均化效果评价指标的判断题。

① 标准偏差值越小，物料的成分越均匀。(　　)

② 变异系数值越大，物料成分的均匀性越好。(　　)

③ 均化效果 H 越小，表示均化效果越好。(　　)

④ 样品合格率越高，则物料成分均匀性越好。(　　)

(3) 预均化堆场的选择

■ 引导问题 11：预均化堆场的布置方式有________和________两种，前者一般设两个料堆，一个在________，另一个在________，相互交替；后者为圆环状料堆，在料堆的开口处，一端在连续________；另一端连续________。

■ 引导问题 12：圆形预均化堆场与矩形预均化堆场对比，各自有何特点？

____

____

____

____

____

____

____

圆形与矩形
预均化堆场

小提示

矩形预均化堆场和圆形预均化堆场的比较见表 2-1-4。

表 2-1-4　矩形预均化堆场和圆形预均化堆场的比较

比较项目	矩形预均化堆场	圆形预均化堆场
占地面积	较大	较矩形预均化堆场减少 30% ~40%
工艺平面布置	进出料方向有所限制，不利于灵活布置	进出料方向随意，灵活布置
投资费用	设备费用多，土建投资也较多	土建设备费用较低，投资比矩形预均化堆场少 30% ~40%
均化效果	由于每个料堆的堆端和料堆之间的成分差异影响均化效果，成分波动不连续	取料层数大于堆料层数，因此均化效果好，堆取料连续进行，物料成分的波动不会产生突变

续表

比较项目	矩形预均化堆场	圆形预均化堆场
设备利用率	只有在料堆被取或堆完料后，换堆作业才能开始。因此，若堆取料周期控制不好，易造成设备闲置	堆取料机能分别连续工作，设备利用率高

(4) 堆取料方式与设备的选择

■ 引导问题13：堆料方式有______________________________，水泥厂常用的堆料方式是____________，它主要存在______的缺点，适用于______取料方式。

■ 引导问题14：水泥厂常用哪种堆料设备？有什么特点？

____

____

____

____

____

____

____

____

小提示

堆料设备

(1) 天桥（顶部）带堆料机

当预均化堆场设有厂房时这种堆料机比较经济。利用堆场的厂房屋架，安装天桥带堆料机，再装上S形卸料小车或移动式带机，往返移动就可以进行堆料作业。这种堆料机只能进行“人”字形或纵向倾斜层堆料。为了防止物料落差过大，可以接上一根活动伸缩管，或者接上可升降卸料点的活动带机。

(2) 悬臂式带堆料机

悬臂式带堆料机是目前预均化堆场中用得比较普遍的堆料机。它最适用于矩形预均化堆场的侧面堆料和圆形堆场内围绕中心堆料，卸料点可以由悬臂带机调整俯仰角而升降，使物料落差保持最小。悬臂式带机可以装成固定式、回转式、直线轨道式等形式。由于圆形堆场是中心进料，卸料点要随时升降，因此在新的圆形预均化堆场中采用较多。

悬臂式堆料机

■ 引导问题 15：桥式刮板取料机有何特点？

小提示

桥式刮板取料机的特点

① 整体结构合理，基建投资少。

② 行走机构的驱动装置采用双动力输入的蜗轮蜗杆减速器，悬挂式安装，蜗轮蜗杆减速器的一端配大电动机，另一端配小电动机、斜齿减速器和牙嵌式离合器。当大电动机（调车电动机）工作时，离合器打开，小电动机（取料电动机）脱开，避免了取料电动机反转速度过高，解决了以两种速度行走和取料的问题。

③ 采用电动控制纠偏装置，可解决大车行走时左右电动机不同步而造成的扭转，保证左右车轮的同步。

④ 行走钢架一个与主梁固定，另一个与主梁采用球铰连接，在受到较大的力时，钢架可适度偏转，不会受到较大的内力。

⑤ 刮板的驱动装置采用液力耦合器连接，便于电动机启动，减轻了启动过程中的冲击和振动，延长了电动机使用寿命，使刮

刮板取料机结构和取料机安全操作规程

板运行平稳、安全。

⑥ 刮板链采用液压张紧装置，可随刮板受力大小相应调整，运行安全可靠。

⑦ 采用车轮锁紧装置，并与调车电动机联锁。当车轮锁紧时不能开车。当锁紧装置放开时，驾驶室或中控室收到电信号方可使取料机行走。这样既防止了在刮风等情况下取料机的自行滑动，又避免了调车电动机被烧坏。

⑧ 采用微机控制、PLC 集散系统，自动化水平高。

评价反馈

准备阐述材料，完成学习任务汇报表（表 2-1-5）和学习任务评价表（表 2-1-6），各组代表报告原材料预均化堆场设计结果，介绍任务的完成过程。

表 2-1-5　学习任务汇报表

<table>
<tr><td>班级</td><td></td><td>组号</td><td></td><td>指导教师</td><td></td></tr>
<tr><td>任务目标</td><td colspan="5"></td></tr>
<tr><td>分工情况</td><td colspan="5"><table><tr><td>姓名</td><td>任务分工</td><td>姓名</td><td>任务分工</td></tr><tr><td></td><td></td><td></td><td></td></tr><tr><td></td><td></td><td></td><td></td></tr><tr><td></td><td></td><td></td><td></td></tr></table></td></tr>
<tr><td>陈述讨论</td><td colspan="5"></td></tr>
</table>

续表

学习成果	
学习体会	

表 2-1-6　学习任务评价表

班级：	姓名：		学号：			
子任务 2-1	预均化堆场工艺设计					
评价项目	评价内容	分值	评价			综合得分
			自评	互评	师评	
职业素养30%	态度端正，无缺勤、迟到、早退现象	7				
	穿戴整洁，仪表大方	7				
	积极参加教学活动，能按时完成工作任务	8				
	团队合作、与人交流能力	8				
专业能力70%	能正确理解预均化原理	10				
	能说出评价指标与均化效果的关系	15				
	能区分矩形预均化堆场和圆形预均化堆场的特点，并能合理选择	20				
	会选择合理堆取料方式，并能指出其存在的问题	15				
	会选择合理堆取料设备，并能指出其特点	10				
合计		100				

子任务2-2 原料预均化处理作业

情境描述

在前一个任务的基础上，完成5000t/d规模新型干法生产线原料预均化处理作业。

思政目标

培养创新意识；

培养安全作业、规范操作意识。

专业目标

会分析影响原料预均化效果的因素；

能提出改善原料预均化效果的具体措施；

会堆取料机的安全操作；

会处理堆料机行走溜车故障；

会处理行走车轮跑偏啃轨故障。

任务书

秦皇岛某水泥厂5000t/d规模新型干法生产线生产通用硅酸盐水泥，使用原料为石灰石、砂页岩、粉煤灰、铁矿石，请在前述设计预均化堆场工艺方案的基础上，完成原料的预均化处理作业，使原料的变异系数C_v<5%。任务单见表2-2-1。

表 2-2-1　任务单

<table>
<tr><th>专业班组</th><th></th><th>班长</th><th></th><th>日期</th><th></th></tr>
<tr><td colspan="6">工艺任务：原料预均化处理，变异系数 C_v<5%</td></tr>
<tr><td colspan="6">检查意见：</td></tr>
<tr><td colspan="6">签章：</td></tr>
</table>

任务分组

学生任务分配见表 2-2-2。

表 2-2-2　学生任务分配表

<table>
<tr><th>班级</th><td></td><th>组号</th><td></td><th>指导教师</th><td></td></tr>
<tr><th>组长</th><td></td><th>学号</th><td colspan="3"></td></tr>
<tr><th rowspan="4">成员任务
分工情况</th><td>学号</td><td>姓名</td><td>分工</td><td>学号</td><td>姓名</td><td>分工</td></tr>
<tr><td></td><td></td><td></td><td></td><td></td><td></td></tr>
<tr><td></td><td></td><td></td><td></td><td></td><td></td></tr>
<tr><td></td><td></td><td></td><td></td><td></td><td></td></tr>
</table>

工作准备

（1）阅读工作任务书，借阅或上网查询有关的资料，获取影响原料预均化效果的因素及措施等资料信息。

（2）收集水泥企业原料预均化操作规程等资料。

（3）结合任务书，完成原料预均化处理作业。

工作实施

■ 引导问题1：影响原料预均化效果的因素有哪些？

____

____

____

____

____

■ 引导问题2：提高原料预均化效果的措施有哪些？

____

____

____

____

____

课程思政 创新意识

在讲物料离析的时候，曾经有同学问我："老师，在中学我们学过一个非常著名的试验'两个铁球同时落地'，那为什么会产生物料离析现象呢？"

从非常普通的现象中提出问题，然后初步养成敢于提问的习惯，同时也在激发我们的学习兴趣，培养我们的创新意识。

爱因斯坦曾经说过，"想象力比知识更重要，因为知识是有限的，而想象力概括着世界上的一切，推动着进步，并且是知识进步的源泉”。

■ 引导问题3：完成下列判断题。

① 预均化堆场中物料的均化效果随布料层数增加而提高。(　　)

② 物料离析作用造成料堆横断面上成分的波动，即短滞后现象。(　　)

③ 防止物料离析，在堆料时减小落差是一个重要的措施，因此，物料落差越小越好。(　　)

■ 引导问题4：完成下列有关堆取料机的安全操作的判断题。

① 只要不妨碍行走，行车轨道上可以有杂物。(　　)

② 发生设备突然停止运行事故时，需马上找维修人员检查排除故障。(　　)

③ 开车前要详细检查堆料机、取料机各部位是否完好，如遇故障及时处理。(　　)

④ 操作堆取料机作业时应勤查看监控，采用听、看的方法，检查堆取料机是否有异常。(　　)

堆取料机工安全操作规程和皮带输送机工安全操作规程

⑤ 只要确保安全，在煤取料场区域作业可以动火，不必申请动火证。(　　)

⑥ 皮带输送机运转部位绞进杂物，可以用工具处理，不必停机。(　　)

⑦ 皮带启动不起来或打滑时，可用脚蹬、手拉、压杆子等办法处理。(　　)

⑧ 发现故障或隐患未排除而继续生产。(　　)

课程思政 珍惜生命，安全作业

一起安全事故，给一个人、一个家庭、一个企业所带来的损失和创伤是惨痛而无法弥补的。

多一份责任心，多一份细心，多一份关注，也许，这些事故本可以得到避免，或者将损失降到最低。

希望大家真正领悟到“珍惜生命，安全作业”的深刻含义！

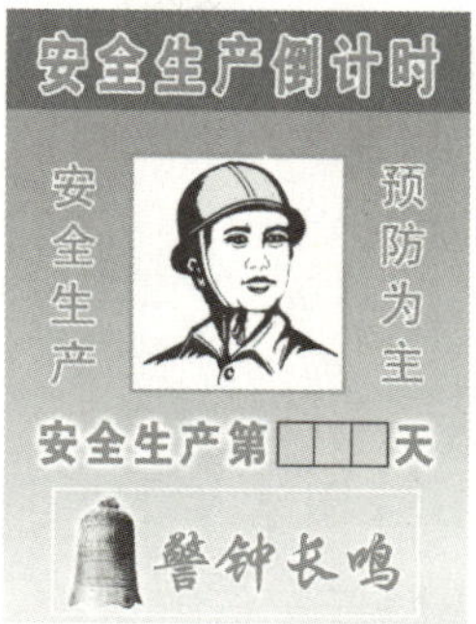

■ 引导问题5：若出现堆料机行走溜车问题，请分析可能的原因，并提出解决方案。

原因分析：

堆料机溜车故障分析

解决方案：

■ 引导问题6：若发生堆料机行走车轮跑偏啃轨故障，请分析可能的原因，并提出解决方案。

原因分析：

堆料机行走车轮跑偏啃轨故障分析

解决方案：

企业案例

某水泥厂针对行走车轮跑偏啃轨问题，在辅料堆料机上增加了三组行走挡轮；在靠近料堆侧的行走机构都加装一组挡轮。原先4套行走驱动制动单元，增加到6套，且每侧各3套在操作室内增加了行走机构驱动电机的制动电阻；减速机速比由101调整为243，大大降低了行走速度；在中间的2组车轮上增加了车轮制动器。此举效果显著。

评价反馈

准备阐述材料，完成学习任务汇报表（表2-2-3）和任务评价表（表2-2-4），各组代表报告原料预均化处理结果，介绍任务的完成过程。

表2-2-3　学习任务汇报表

<table>
<tr><td>班级</td><td></td><td>组号</td><td></td><td>指导教师</td><td></td></tr>
<tr><td>任务目标</td><td colspan="5"></td></tr>
<tr><td>分工情况</td><td colspan="5"><table><tr><td>姓名</td><td>任务分工</td><td>姓名</td><td>任务分工</td></tr><tr><td></td><td></td><td></td><td></td></tr><tr><td></td><td></td><td></td><td></td></tr><tr><td></td><td></td><td></td><td></td></tr></table></td></tr>
<tr><td>陈述讨论</td><td colspan="5"></td></tr>
</table>

续表

学习成果	
学习体会	

表 2-2-4　学习任务评价表

班级：	姓名：		学号：				
子任务 2-2	原料预均化处理作业						
评价项目	评价内容	分值	评价			综合得分
			自评	互评	师评	
职业素养 30%	态度端正，无缺勤、迟到、早退现象	5				
	穿戴整洁，仪表大方	5				
	积极参加教学活动，能按时完成工作任务	5				
	团队合作、与人交流能力	5				
	安全意识，规范操作	5				
	创新意识	5				
专业能力 70%	会分析影响均化效果的因素	15				
	能提出改善均化效果的具体措施	15				
	会堆取料机的安全操作	10				
	会处理堆料机行走溜车故障	15				
	会处理行走车轮跑偏啃轨故障	15				
合计		100				

学习任务3

生料配比设计与计算

情境描述

生料是由石灰质原料、黏土质原料、少量校正原料等按比例配合，粉磨到一定细度的物料。请你根据水泥品种、原燃料品质、工厂具体生产条件等选择合理的熟料矿物组成或率值，并计算所用原料的配合比例。

学习目标

本学习任务分解成 2 个子任务，分别为生料配比方案设计和生料配比计算。通过完成 2 个子任务，应该具备：

踏实、认真、一丝不苟的学习态度和职业素养。

能正确理解熟料三个率值，能说出其对矿物组成和煅烧工艺的影响，并能根据水泥品种、原燃料品质、工厂具体生产条件等合理选择熟料矿物组成或率值。

会熟料化学组成、矿物组成与率值之间的换算，以及物料各基准之间的换算；会用尝试误差法或递减试凑法计算生料配比。

子任务3-1 生料配比方案设计

情境描述

请根据水泥品种、原燃料品质、工厂具体生产条件等合理选择熟料矿物组成或率值。

专业目标

能正确理解熟料三个率值，能说出其对矿物组成和煅烧工艺的影响；

会熟料化学组成、矿物组成与率值之间的换算；

根据工厂具体生产条件，会合理选择熟料率值。

任务书

秦皇岛某水泥厂5000t/d规模新型干法生产线生产通用硅酸盐水泥。请根据水泥品种、原燃料品质、工厂具体生产条件等选择合理的熟料矿物组成或率值。该厂所用原料为石灰石、砂页岩、粉煤灰和铁矿石，已知原、燃料的有关分析数据，见表3-1-1和表3-1-2。任务单见表3-1-3。

表3-1-1　原料与煤灰的化学成分 %

名称	Loss	SiO_2	Al_2O_3	Fe_2O_3	CaO	MgO	SO_3	K_2O	Na_2O	Cl^-
石灰石	42.86	1.68	0.60	0.39	51.62	2.21	0.05	0.25	0.03	0.019
砂页岩	2.72	89.59	2.82	1.67	1.77	0.74	0.07	0.36	0.06	0.015
粉煤灰	3.70	47.57	28.14	8.95	4.18	0.52	0.50	1.13	0.21	—
铁矿石	2.65	49.96	5.51	32.51	2.56	1.95	—	—	0.45	—
煤灰	—	52.55	28.78	6.30	6.49	1.45	2.20	1.00	0.44	—

表 3-1-2　原煤的工业分析

水分/%	灰分/%	挥发分/%	固定碳/%	发热量（kJ/kg）
1.70	26.10	28.00	44.20	22998

表 3-1-3　任务单

专业班组		班长		日期	
设计任务：确定 *KH*、*SM* 和 *IM*					
检查意见：					
签章：					

任务分组

学生任务分配见表 3-1-4。

表 3-1-4　学生任务分配表

班级		组号		指导教师		
组长		学号				
成员任务分工情况	学号	姓名	分工	学号	姓名	分工

工作准备

（1）阅读工作任务书，借阅或上网查询有关的资料，获取熟料率值（石灰饱和系数 *KH*、硅酸率 *SM*、铝氧率 *IM*）、熟料矿物组成的计算与换算等相关知识。

（2）收集水泥企业水泥品种、原燃料品质、工厂具体生产条件以及三率值等资料。

（3）结合任务书设计生料配料方案。

工作实施

（1）熟料三率值

■ 引导问题1：什么是率值？

____

____

____

____

■ 引导问题2：什么是石灰饱和系数？

____

____

____

____

____

■ 引导问题3：什么是硅酸率？

____

____

____

____

____

■ 引导问题4：什么是铝氧率？

____

____

____

____

____

小提示

熟料三率值

熟料中各氧化物之间的比例，即率值。我国水泥生产多采用三个率值控制生产，即石灰饱和系数 *KH*、硅酸率 *SM*、铝氧率 *IM*。

石灰饱和系数用符号 *KH* 来表示。

理论值：$KH=\dfrac{w(CaO)-1.65w(Al_2O_3)-0.35w(Fe_2O_3)}{2.8w(SiO_2)}$

实际值：$KH=\dfrac{w(CaO)-w(f\text{-}CaO)-1.65w(Al_2O_3)-0.35w(Fe_2O_3)-0.7w(SO_3)}{2.8[w(SiO_2)-w(f\text{-}SiO_2)]}$

式中，$w(CaO)$、$w(SiO_2)$、$w(Al_2O_3)$、$w(Fe_2O_3)$、$w(SO_3)$ 分别为熟料中相应氧化物的质量百分数；$w(f\text{-}CaO)$、$w(f\text{-}SiO_2)$ 分别为熟料中呈游离状态的 CaO、SiO_2 的质量百分数。

硅率表示水泥熟料中 SiO_2 与 Al_2O_3、Fe_2O_3 之和的比值，又称硅酸率或硅氧率。它反映了熟料中硅酸盐矿物（C_2S+C_3S）与熔剂矿物（C_3A+C_4AF）的相对含量，常用 *n* 或 *SM* 表示。

$$n(SM)=\frac{w(SiO_2)}{w(Al_2O_3)+w(Fe_2O_3)}$$

铝氧率又称铝率或铁率，表示熟料中氧化铝与氧化铁之比，用 *p* 或 *IM* 表示。它反映了熟料熔剂矿物中 C_3A 与 C_4AF 的相对含量。

$$p(IM)=\frac{w(Al_2O_3)}{w(Fe_2O_3)}$$

企业案例

洛阳某水泥有限公司熟料的三率值为：$KH=0.980\pm0.020$，$SM=2.70\pm0.10$，$IM=1.45\pm0.10$。

葛洲坝某水泥有限公司2019年4月熟料的三率值控制范围为：$KH=0.900\pm0.020$，$SM=2.50\pm0.10$，$IM=1.43\pm0.10$。

白山某水泥有限公司采用石灰石、硅石、煤矸石、钢渣和绿铁粉为原料时，熟料的三率值为：$KH=0.880$，$SM=2.80$，$IM=1.55$；采用石灰石、硅石、煤矸石、红铁粉为原料时，熟料的三率值为：$KH=0.880$，$SM=2.60$，$IM=1.55$。

甘肃某厂研制生产高镁中热水泥设计控制熟料三率值为：$KH=0.865$，$SM=2.60$，$IM=0.65$。实际生产熟料三率值为：$KH=0.862$，$SM=2.54$，$IM=0.65$。

■ 引导问题5：已知某水泥企业熟料化学成分，试计算熟料的三个率值。

氧化物	SiO_2	Al_2O_3	Fe_2O_3	CaO	MgO
质量分数/%	21.98	6.12	4.31	65.80	1.02

（2）熟料化学组成、矿物组成与率值的换算

■ 引导问题6：用化学成分计算熟料矿物。已知某水泥企业的熟料化学成分，试计算：①熟料三率值；②分别用石灰饱和系数法和代数法计算熟料矿物组成。

氧化物	Al_2O_3	SiO_2	Fe_2O_3	CaO	MgO	SO_3	f-CaO
质量分数/%	6.22	21.4	4.35	65.6	1.56	0.63	1.5

小提示

用化学成分计算熟料矿物

用化学成分计算熟料矿物的方法较多。

① 石灰饱和系数法

其计算公式如下：

$$w(C_3S)=3.8(3KH-2)\,w(SiO_2)$$

$$w(C_2S)=8.61(1-KH)\,w(SiO_2)$$

当 $IM>0.64$ 时，

$$w(C_3A)=2.65\left[w(Al_2O_3)-0.64w(Fe_2O_3)\right]$$

$$w(C_4AF)=3.04w(Fe_2O_3)$$

硫酸钙的量可以由 SO_3 直接计算得出：

$$w(CaSO_4)=1.7w(SO_3)$$

式中，$w(SiO_2)$、$w(Al_2O_3)$、$w(Fe_2O_3)$、$w(SO_3)$ 分别为熟料中相应氧化物的质量百分数；KH 是熟料的石灰饱和系数。

② 代数法

代数法又称鲍格（R·H·Bogue）法。

若以 $w(C_2S)$、$w(C_3S)$、$w(C_3A)$、$w(C_4AF)$、$w(CaSO_4)$ 及 C、S、A、F、$w(SO_3)$ 分别代表熟料中的 C_2S、C_3S、C_3A、C_4AF、$CaSO_4$ 及 CaO、SiO_2、Al_2O_3、Fe_2O_3、SO_3 的百分含量，则四种矿物及 $CaSO_4$ 可按下式计算：

$$w(C_3S)=4.07C-7.60S-6.72A-1.43F-2.86w(SO_3)$$

$$w(C_2S)=8.60S+5.07A+1.07F+2.15w(SO_3)-3.07C=2.87S-0.754w(C_3S)$$

$$w(C_3A)=2.65A-1.69F$$

$$w(C_4AF)=3.04F$$

$$w(CaSO_4)=1.70w(SO_3)$$

■ 引导问题7：由矿物组成计算率值。已知某水泥企业熟料矿物组成 $w(C_3S)=55.6\%$，$w(C_2S)=20.7\%$，$w(C_3A)=7.9\%$，$w(C_4AF)=13.8\%$，试计算三个率值。

小提示

由矿物组成计算率值

率值不仅表示熟料中各氧化物之间的关系，同时也表示熟料矿物组成之间的关系。

石灰饱和系数表示 C_3S 与 C_2S 含量的比例关系，其数学表达式如下：

$$KH=\frac{w(C_3S)+0.8838w(C_2S)}{w(C_3S)+1.3256w(C_2S)}$$

硅率表示 C_3S+C_2S 与 C_3A+C_4AF 含量的比例关系，其数学表达式如下：

$$n(SM)=\frac{w(C_3S)+1.3256w(C_2S)}{1.4341w(C_3A)+2.0464w(C_4AF)}$$

铝率表示 C_3A 与 C_4AF 含量的比例关系，其数学表达式如下：

$$p(IM)=\frac{1.1501w(C_3A)}{w(C_4AF)}+0.6383$$

■ 引导问题 8：由率值计算化学组成。已知某水泥企业控制熟料率值为 $KH=0.89$，$n=2.10$，$p=1.30$，试计算熟料的化学组成。

小提示

由率值计算化学组成

设 $\sum = w(\mathrm{CaO}) + w(\mathrm{SiO_2}) + w(\mathrm{Al_2O_3}) + w(\mathrm{Fe_2O_3})$，一般 $\sum = 95\% \sim 98\%$，实际中 $\sum$ 值的大小受原料化学成分和配料方案的影响。通常情况下可选取 $\sum = 97.5\%$。

若已知熟料率值，可按以下各式求出熟料的化学组成：

$$w(\mathrm{Fe_2O_3}) = \frac{\sum}{(2.8KH + 1)(p + 1)n + 2.65p + 1.35}$$

$$w(\mathrm{Al_2O_3}) = p \cdot w(\mathrm{Fe_2O_3})$$

$$w(\mathrm{SiO_2}) = n[w(\mathrm{Al_2O_3}) + w(\mathrm{Fe_2O_3})]$$

$$w(\mathrm{CaO}) = \sum - [w(\mathrm{SiO_2}) + w(\mathrm{Al_2O_3}) + w(\mathrm{Fe_2O_3})]$$

■ 引导问题9：由率值计算矿物组成。已知某水泥企业的熟料率值为 $KH=0.89$，$n=2.10$，$p=1.30$，试计算熟料的矿物组成。

小提示

由率值计算矿物组成

根据熟料率值计算熟料矿物组成：

$$w(C_4AF) = 3.04w(Fe_2O_3)$$

$$w(C_3A) = (2.65p-1.69)\ w(Fe_2O_3)$$

$$w(C_2S) = 8.61n(p+1)(1-KH)\ w(Fe_2O_3)$$

$$w(C_3S) = 3.80n(p+1)(3KH-2)\ w(Fe_2O_3)$$

（3）熟料三率值的确定

■ 引导问题 10：*KH* 值与熟料矿物间的关系如何?

____

____

____

____

____

____

■ 引导问题 11：工艺、技术装备条件较好，入窑生料成分均已稳定，生料预烧性好，操作技术水平高且稳定，这时应选择________（较高或较低）的 *KH* 值。反之，*KH* 值宜适当________（高或低）一些。

■ 引导问题 12：*KH* 值在一定范围内波动，一般波动值为________。

小提示

KH 值的确定

从石灰饱和系数的定义（即理论上 *KH* 值高，则 C_3S 较多，C_2S 较少）得知：

① $KH=1$ 时，熟料中硅酸盐矿物全部为 C_3S，而无 C_2S。

② $KH>1$ 时，无论生产工艺条件多好，熟料中都有游离氧化钙的存在；熟料矿物组成为 C_3S、C_3A、C_4AF 及 f-CaO。

③ $KH \leqslant 2/3 \approx 0.667$ 时，硅酸盐矿物全部为 C_2S，而无 C_3S。

故熟料的 KH 值介于0.667～1。这样不仅可以生成四种主要矿物，理论上也无 f-CaO 存在。但在实际生产中，由于被煅烧物料的性质、煅烧温度、液相量、液相黏度等因素的限制，理论计算和实际情况并不完全一致。当 KH 值较高，接近 1 时，理论上 C_3S 含量增多，但此时煅烧困难、热耗高，工艺条件很难满足要求，往往 f-CaO 明显增加，熟料质量反而下降；当 KH 值过低时，则 C_2S 含量高、C_3S 含量低，虽然物料的易烧性好，但这种熟料制成的水泥凝结硬化慢，早期强度低，其质量也会很差。

在工厂生产条件下，为保证熟料质量，同时煅烧过程中不致出现过量 f-CaO，通常 KH 值控制在0.82～0.96。

最佳 KH 值也可用统计方法找出并不断修正后确定，方法为：选择生产正常时的优良熟料 i 组（$i \geqslant 100$），分别求出三率值的平均值，用平均值$\overline{KH}$、$\overline{n}$、$\overline{p}$ 计算出熟料的化学成分，加以可能产生的 f-CaO 的最小值，折算出率值，并使用于生产，不断修正，获得最佳率值。

■ 引导问题 13：在确定 n 值时，既要保证熟料中有一定数量的硅酸盐矿物，又必须与 KH 值相适应。一般应避免哪些倾向？

小提示

选择 n 与 KH 相适应

在确定 n 值时既要保证熟料中有一定数量的硅酸盐矿物，又必须与 KH 值相适应。一般应避免以下倾向。

① KH 值高，n 值也偏高。这时溶剂化矿物含量必然少，生料易烧性变差，吸收 f-CaO 反应不完全，且 f-CaO 含量高。

② *KH* 值低，*n* 值偏高。熟料的煅烧温度不必太高，但硅酸盐矿物中 C_2S 的含量相对增高，从而易造成熟料的粉化，熟料强度低。

③ *KH* 值低，*n* 值也偏低。熟料的煅烧温度同样不需很高，但熔剂化矿物的总量较高，以致液相量较多，易产生结窑、结大块现象。同时由于大块料不易烧透，f-CaO 含量还是较高，因而熟料质量差。

■ 引导问题 14：选择 *p* 值时也要考虑与 *KH* 值相适应。一般情况下，当提高 *KH* 值时，应________（提高或降低）*p* 值，以便________（提高或降低）液相出现的温度和黏度，有助于 C_3S 形成。

■ 引导问题 15：在我国，采用新型干法水泥生产技术，一般硅酸盐水泥熟料三率值范围为多少？

____

____

____

小提示

三率值的一般范围

影响熟料率值选择的因素很多，即使是同一台窑在不同时期的熟料率值也可能有所区别，因此，实际中某些率值偏离表 3-1-5 中范围也是正常的。随着水泥生产、控制技术的发展，设计更优化的熟料率值即配料方案相信也会随之诞生。

目前，我国采用新型干法水泥生产技术，生产硅酸盐水泥熟料时，一般熟料三率值范围为：$KH=0.86\sim0.90$，$n=2.2\sim2.6$，$p=1.3\sim1.8$。

表 3-1-5　中国部分水泥厂熟料率值和矿物组成

厂名	*LSF*	*KH*	*n*	*p*	C_3S/%	C_2S/%	C_3A/%	C_4AF/%
冀东	91.1	0.875	2.50	1.6	52.9	23.8	8.7	10.4
宁国	91.4	0.887	2.45	1.61	54.13	23.87	9.07	10.7
柳州	95.81	0.92	2.21	1.59	61.28	14.6	9.33	11.25
江西	92.55	0.889	2.46	1.61	56.45	21.26	8.93	10.55

续表

厂名	*LSF*	*KH*	*n*	*p*	C_3S/%	C_2S/%	C_3A/%	C_4AF/%
鲁南	92.44	0.888	2.37	1.58	53.85	20.55	8.33	10.0
云浮	95.1	0.914	2.47	1.94	60.93	15.98	10.26	9.06
新疆	91.77	0.88	2.50	1.6	53.84	22.85	8.67	10.34
铜陵	92.4	0.89	2.45	1.65	56.28	20.91	9.14	10.34
双阳	91.94	0.887	2.59	1.55	56.18	22.32	8.24	10.27
北京	92.9	0.885	2.51	1.84	55.4	21.9	9.9	9.5
大连	91.4	0.879	2.50	1.6	53.7	23.0	8.66	10.36
巢湖	93.8	0.90	2.35	1.76	57.9	18.7	9.98	10.2

评价反馈

准备阐述材料，完成学习任务汇报表（表3-1-6）和任务评价表（表3-1-7），各组代表报告生料配料方案结果，介绍任务的完成过程。

表3-1-6 学习任务汇报表

<table>
<tr><td>班级</td><td></td><td>组号</td><td></td><td>指导教师</td><td></td></tr>
<tr><td>任务目标</td><td colspan="5"></td></tr>
<tr><td>分工情况</td><td colspan="5"><table><tr><td>姓名</td><td>任务分工</td><td>姓名</td><td>任务分工</td></tr><tr><td></td><td></td><td></td><td></td></tr><tr><td></td><td></td><td></td><td></td></tr><tr><td></td><td></td><td></td><td></td></tr></table></td></tr>
<tr><td>陈述讨论</td><td colspan="5"></td></tr>
</table>

续表

学习成果	
学习体会	

表 3-1-7 学习任务评价表

<table>
<tr><td colspan="2">班级：</td><td colspan="3">姓名：</td><td colspan="3">学号：</td></tr>
<tr><td>子任务 3-1</td><td colspan="7">生料配比方案设计</td></tr>
<tr><td rowspan="2">评价项目</td><td rowspan="2">评价内容</td><td rowspan="2">分值</td><td colspan="3">评价</td><td rowspan="2">综合得分</td></tr>
<tr><td>自评</td><td>互评</td><td>师评</td></tr>
<tr><td rowspan="4">职业素养
30%</td><td>态度端正，无缺勤、迟到、早退现象</td><td>7</td><td></td><td></td><td></td><td></td></tr>
<tr><td>穿戴整洁，仪表大方</td><td>7</td><td></td><td></td><td></td><td></td></tr>
<tr><td>积极参加教学活动，能按时完成工作任务</td><td>8</td><td></td><td></td><td></td><td></td></tr>
<tr><td>团队合作、与人交流能力</td><td>8</td><td></td><td></td><td></td><td></td></tr>
<tr><td rowspan="5">专业能力
70%</td><td>能正确理解熟料三率值</td><td>10</td><td></td><td></td><td></td><td></td></tr>
<tr><td>能说出熟料率值对矿物组成的影响</td><td>10</td><td></td><td></td><td></td><td></td></tr>
<tr><td>能说出熟料率值对煅烧工艺的影响</td><td>10</td><td></td><td></td><td></td><td></td></tr>
<tr><td>会熟料化学组成、矿物组成与率值之间的换算</td><td>20</td><td></td><td></td><td></td><td></td></tr>
<tr><td>根据工厂具体生产条件，会合理选择熟料率值</td><td>20</td><td></td><td></td><td></td><td></td></tr>
<tr><td colspan="2">合计</td><td>100</td><td></td><td></td><td></td><td></td></tr>
</table>

子任务3-2 生料配比计算

情境描述

请用尝试误差法或递减试凑法计算生料配比。

思政目标

培养踏实、认真、一丝不苟的学习态度和职业素养。

专业目标

会进行物料各基准之间的换算；

会用尝试误差法或递减试凑法计算生料配比。

任务书

秦皇岛某水泥厂5000t/d规模新型干法生产线生产通用硅酸盐水泥。已知原、燃料的有关分析数据如表3-2-1、表3-2-2所示，假设以四种原料配合进行生产，要求熟料的三率值为：$KH=0.90\pm0.02$，$SM=2.6\pm0.1$，$IM=1.7\pm0.1$，单位熟料热耗为3053kJ/kg熟料（730kcal/kg熟料），试计算原料的配比。任务单见表3-2-3。

表3-2-1 原料与煤灰的化学成分 %

名称	Loss	SiO_2	Al_2O_3	Fe_2O_3	CaO	MgO	SO_3	K_2O	Na_2O	Cl^-
石灰石	42.86	1.68	0.60	0.39	51.62	2.21	0.05	0.25	0.03	0.019
砂页岩	2.72	89.59	2.82	1.67	1.77	0.74	0.07	0.36	0.06	0.015

续表

名称	Loss	SiO_2	Al_2O_3	Fe_2O_3	CaO	MgO	SO_3	K_2O	Na_2O	Cl^-
粉煤灰	3.70	47.57	28.14	8.95	4.18	0.52	0.50	1.13	0.21	—
铁矿石	2.65	49.96	5.51	32.51	2.56	1.95	—	—	0.45	—
煤灰	—	52.55	28.78	6.30	6.49	1.45	2.20	1.00	0.44	—

表 3-2-2　原煤的工业分析

水分/%	灰分/%	挥发分/%	固定碳/%	发热量（kJ/kg）
1.70	26.10	28.00	44.20	22998

表 3-2-3　任务单

专业班组		班长		日期	
计算任务：石灰石、砂页岩、粉煤灰、铁矿石的配比					
检查意见：					
签章：					

任务分组

学生任务分配表见表 3-2-4。

表 3-2-4　学生任务分配表

班级		组号		指导教师	
组长		学号			

续表

成员任务分工情况	学号	姓名	分工	学号	姓名	分工

工作准备

（1）阅读工作任务书，借阅或上网查询有关的资料，获取生料配料基本原则与依据等相关知识。

（2）收集水泥企业水泥品种、原燃料品质、工厂具体生产条件、三率值、生料配比等资料。

（3）结合任务书，计算生料配比。

工作实施

（1）生料配料基本原则与依据

■ 引导问题1：生料配料基本原则是什么？

____

____

____

____

■ 引导问题2：生料配料计算的依据是什么？

____

____

____

____

■ 引导问题3：各基准之间如何换算？

小提示

生料配料基本原则与依据

配料计算的依据是物料平衡。任何化学反应的物料平衡：反应物的量应等于生成物的量。

水泥生料配料时，必须采用统一的基准。

物料中的物理水分蒸发后处于干燥状态，以干燥状态质量所表示的计量单位称为干燥基准，简称干基。

去掉烧失量（结晶水、二氧化碳与挥发物质等）以后，生料处于灼烧状态。以灼烧状态质量所表示的计算单位称为灼烧基准。

用含水物料作计算基准时称为湿基准。

各基准之间的换算：

$$灼烧基成分=\frac{A}{100-L}\times100$$

$$湿基成分=\frac{干基成分}{100-w}\times100$$

$$干基用量=\frac{灼烧基用量}{100-L}\times100$$

$$\text{湿基用量}=\frac{\text{干基用量}}{100-w}\times 100$$

式中 A——干基物料成分,%;

L——干基物料烧失量,%;

w——物料水分含量,%。

(2) 配料计算

企业案例

内蒙古某水泥有限责任公司水泥原材料配比：石灰石 88.20%，铁矿石 6.21%，硅石 3.95%，粉煤灰 1.64%。

白山某水泥有限公司水泥原材料配比：石灰石 86.5%，硅石 5.5%，煤矸石 2.0%，钢渣和绿铁粉 6.0%；石灰石 87.6%，硅石 2.5%，煤矸石 2.4%，红铁粉 7.5%。红铁粉和绿铁粉是冶炼钢铁的原材料铁矿石精选后产生的尾矿，颜色不同，是由于 Fe_2O_3 含量不同，红铁粉的 Fe_2O_3 含量是绿铁粉的两倍。

■ 引导问题4：试用尝试误差法完成本次配料任务。

秦皇岛某水泥厂 5000t/d 规模新型干法生产线生产通用硅酸盐水泥。已知原、燃料的有关分析数据如表 3-2-5 和表 3-2-6 所示，假设以四种原料配合进行生产，要求熟料的三率值为：$KH=0.90\pm0.02$，$SM=2.6\pm0.1$，$IM=1.7\pm0.1$，单位熟料热耗为 3053kJ/kg 熟料（730kcal/kg 熟料），试计算原料的配比。

确定熟料组成：

根据题意，已知熟料率值为：$KH=0.90$，$SM=2.6$，$IM=1.7$。

计算煤灰掺入量：

小提示

煤灰掺入量

$$G_A=\frac{qA_{ar}S}{Q_{net,ar}\times 100}=\frac{pA_{ar}S}{100}$$

式中　G_A——熟料中煤灰的掺入量,%;

q——单位熟料热耗，kJ/kg 熟料;

$Q_{net,ar}$——煤的收到基低位热值；kJ/kg 煤;

A_{ar}——煤的收到基灰分含量,%;

S——煤灰沉落率,%，一般取 $S=100$;

p——单位熟料煤耗，kg/kg 熟料。

计算干燥原料配合比：

____

____

____

____

____

____

____

表 3-2-5　配料表（一）

名称	Loss	SiO_2	Al_2O_3	Fe_2O_3	CaO	MgO	SO_3	K_2O	Na_2O	Cl^-
石灰石										
砂页岩										
粉煤灰										
铁矿石										
生料										
灼烧生料										

根据煤灰掺入量________与灼烧生料配合比________________计算熟料的化学成分。

表 3-2-6 配料表（二）

名称	配比	SiO_2	Al_2O_3	Fe_2O_3	CaO	MgO	SO_3	K_2O	Na_2O	Cl^-
灼烧生料										
煤灰										
熟料										

计算熟料的率值：

结果对比：

设定新配比（超出范围情况下）：

根据经验统计，每增减 1% 石灰石（相应减增适当砂岩），约增减 $KH=0.05$。

据此，调整原料配合比为：

重新计算结果:

名称	Loss	SiO_2	Al_2O_3	Fe_2O_3	CaO	MgO	SO_3	K_2O	Na_2O	Cl^-
石灰石										
砂页岩										
粉煤灰										
铁矿石										
生料										
灼烧生料										

根据煤灰掺入量________与灼烧生料配合比________________计算熟料的化学成分。

名称	配比	SiO_2	Al_2O_3	Fe_2O_3	CaO	MgO	SO_3	K_2O	Na_2O	Cl^-
灼烧生料										
煤灰										
熟料										

计算熟料的率值:

____

____

____

____

____

____

____

____

____

结果对比:

____

____

____

____

设定新配比（超出范围情况下）：

根据经验统计，每增减1%石灰石（相应减增适当砂页岩），约增减 $KH=0.05$。据此，调整原料配合比为：

重新计算结果：

名称	Loss	SiO_2	Al_2O_3	Fe_2O_3	CaO	MgO	SO_3	K_2O	Na_2O	Cl^-
石灰石										
砂页岩										
粉煤灰										
铁矿石										
生料										
灼烧生料										

根据煤灰掺入量________与灼烧生料配合比________________计算熟料的化学成分。

名称	配比	SiO_2	Al_2O_3	Fe_2O_3	CaO	MgO	SO_3	K_2O	Na_2O	Cl^-
灼烧生料										
煤灰										
熟料										

计算熟料的率值：

结果对比：

____

____

____

____

设定新配比（超出范围情况下）：

根据经验统计，每增减1%石灰石（相应减增适当砂岩），约增减 $KH=0.05$。

据此，调整原料配合比为：

____

____

____

____

重新计算结果：

名称	Loss	SiO_2	Al_2O_3	Fe_2O_3	CaO	MgO	SO_3	K_2O	Na_2O	Cl^-
石灰石										
砂页岩										
粉煤灰										
铁矿石										
生料										
灼烧生料										

根据煤灰掺入量________与灼烧生料配合比________________计算熟料的化学成分。

名称	配比	SiO_2	Al_2O_3	Fe_2O_3	CaO	MgO	SO_3	K_2O	Na_2O	Cl^-
灼烧生料										
煤灰										
熟料										

计算熟料的率值：

____

____

结果对比：

直至在合理的范围内。

计算湿原料的配比：

设原料操作水分：石灰石1%，砂页岩3%，铁矿石4%，粉煤灰0.5%，则湿原料质量配合比为：

课程思政 差若毫厘，谬以千里

《礼记·经解》：“《易》曰：‘君子慎始，差若毫厘，谬以千里。’”

开始时虽相差很微小，结果却会导致很大的错误。因此，我们要从点滴做起，培养踏实、认真、一丝不苟的学习态度和职业素养。

■ 引导问题5：试以递减试凑法计算原料的配比。

已知某水泥企业的原、燃料的有关分析数据如表3-2-7、表3-2-8所示，采用新型干法水泥生产技术进行生产，要求熟料的三率值为：$KH=0.89$，$SM=2.1$，$IM=1.3$，单位熟料热耗为3350kJ/kg熟料，试计算原料的配比。

表 3-2-7　原料与煤灰的化学成分　%

名称	SiO_2	Al_2O_3	Fe_2O_3	CaO	MgO	烧失量	其他	合计
石灰石	2. 42	0. 31	0. 19	53. 13	0. 57	42. 66	0. 72	100. 00
黏土	70. 25	14. 72	5. 48	1. 41	0. 92	5. 27	1. 95	100. 00
铁粉	34. 42	11. 53	48. 27	3. 53	0. 09		2. 26	100. 00
煤灰	53. 52	35. 34	4. 46	4. 79	1. 19		0. 70	100. 00

表 3-2-8　原煤的工业分析

水分/%	灰分/%	挥发分/%	固定碳/%	发热量（kJ/kg）
4. 49	28. 56	20. 12	46. 83	20930

计算煤灰掺入量：

____

____

____

计算要求熟料的化学成分：

用熟料率值计算化学成分的公式。

____

____

____

____

____

____

____

____

以 100kg 熟料为基准，填写递减表。

计算步骤	SiO_2	Al_2O_3	Fe_2O_3	CaO	MgO+其他
要求熟料成分 ________ kg 煤灰成分					
差 ________ kg 石灰石					

续表

计算步骤	SiO_2	Al_2O_3	Fe_2O_3	CaO	MgO+其他
差 黏土					
差					
余					

按上表干原料质量比换算为百分配合比：

干石灰石 = ________________________________ kg

干黏土 = ________________________________ kg

干铁粉 = ________________________________ kg

各原料配比为：

校验熟料化学成分与率值：

名称	配合比	Loss	SiO_2	Al_2O_3	Fe_2O_3	CaO
石灰石 黏土 铁粉		—				
生料	100					
灼烧生料	100	—				
灼烧生料 煤灰		— —				
熟料	100	—				

计算率值：

设定入磨原料水分控制值为：石灰石0.8%，黏土1.5%，铁粉4%。

湿基湿物料配比：

评价反馈

准备阐述材料，完成学习任务汇报表（表3-2-9）和任务评价表（表3-2-10），各组代表报告配料计算结果，介绍任务的完成过程。

表3-2-9　学习任务汇报表

<table>
<tr><td>班级</td><td></td><td>组号</td><td></td><td>指导教师</td><td></td></tr>
<tr><td>任务目标</td><td colspan="5"></td></tr>
<tr><td>分工情况</td><td colspan="5"><table><tr><td>姓名</td><td>任务分工</td><td>姓名</td><td>任务分工</td></tr><tr><td></td><td></td><td></td><td></td></tr><tr><td></td><td></td><td></td><td></td></tr><tr><td></td><td></td><td></td><td></td></tr></table></td></tr>
<tr><td>陈述讨论</td><td colspan="5"></td></tr>
<tr><td>学习成果</td><td colspan="5"></td></tr>
<tr><td>学习体会</td><td colspan="5"></td></tr>
</table>

表 3-2-10 学习任务评价表

班级：	姓名：	学号：				
子任务 3-2	生料配比计算					
评价项目	评价内容	分值	评价			综合得分
			自评	互评	师评	
职业素养 30%	态度端正，无缺勤、迟到、早退现象	6				
	穿戴整洁，仪表大方	6				
	积极参加教学活动，能按时完成工作任务	6				
	团队合作、与人交流能力	6				
	具备踏实、认真、一丝不苟的学习态度和职业素养	6				
专业能力 70%	会进行物料各基准之间的换算	20				
	会用尝试误差法计算生料配比	30				
	会用递减试凑法计算生料配比	20				
合计		100				

拓展思考题

采用尝试误差法/递减试凑法计算原料配比后，用 Excel 软件编辑程序计算原料的配比。

学习任务 4

立式磨系统操作控制

情境描述

生料粉磨是新型干法水泥生产过程的一个重要环节，主要任务是将各种原料烘干粉磨成符合后续工艺（即熟料煅烧）要求的生料。

利用传统粉磨技术，水泥生产优秀企业电耗可做到 80kW·h/t 水泥，其中生料磨电耗占 25kW·h/t 生料。利用现代立磨粉磨技术生料电耗可减低到 16kW·h/t 生料左右，甚至更低。也就是说，通过采用先进的生料粉磨技术可节电 10kW·h/t 生料左右，这将对产业升级改造，淘汰落后产能做出重要贡献。立式辊磨是现代粉磨技术——料床粉磨技术的典型代表，具备粉磨效率高、节能降耗、占地面积小、噪声小等特点。立式磨系统制备生料在我国比较普遍，需熟练掌握立式磨系统的操作控制。

学习目标

本学习任务分解成 4 个子任务，分别为 TRM 立式磨的操作控制、立式磨系统日常调控、立式磨系统开停车操作和立式磨系统常见故障处理。通过完成 4 个子任务，应该具备：

多一份责任心，多一份细心，多一份关注，“珍惜生命，安全作业”警钟长鸣；低碳节能，优化操作；“没有规矩，不成方圆”，严格执行各项规章制度，争做遵纪守法的好公民；干一行，爱一行，专一行，精一行，坚守初心，爱岗敬业。

能指出 TRM 立式磨各部位结构及其功能；能正确叙述 TRM 立式磨的工作过程；能正确说出 TRM 立式磨操作控制要点，并分析其对生产的影响和作用。

能叙述立式磨工艺流程，会识读生料立式磨中控界面，说出主要参数及其控制范围；会对立式磨系统主要工艺参数、主要控制项目进行合理调控，并能合理控制主要经济指标。

利用仿真软件，能完成生料立式磨系统的开车和停车模拟操作。

能对生料立式磨系统常见故障进行原因分析和正确处理。

子任务4-1 TRM立式磨操作控制

情境描述

TRM型立式磨是天津水泥工业设计研究院自行设计、开发、研制的新型粉磨设备，磨机设有特殊的磨辊与磨盘之间间隙定位、调节缓冲装置，具有辊压波动小、振动小等优点，应用较为广泛。请熟悉掌握它的操作控制。

思政目标

“珍惜生命，安全作业”警钟长鸣。

专业目标

能说出立式磨的优缺点；

能准确指出TRM立式磨各部位结构名称，并描述其功能；

能正确叙述TRM立式磨四个工作过程；

能正确说出TRM立式磨操作控制要点，并分析其对生产的影响作用。

任务书

秦皇岛某水泥厂5000t/d规模新型干法生产线，生料制备采用设有旋风筒（4个）和循环风的TRM立式磨系统，台时产量在420～440t/h，TRM5341立式磨技术参数见表4-1-1。

表 4-1-1　TRM5341 立式磨的工作参数

型号规格	TRM5341
磨盘直径	ϕ5300
磨辊规格	4×ϕ2450
装机功率	4000kW
选粉机功率	200kW
设计产量	430t/h（实际 420～440t/h）
生料细度	R 80μm=12%（实际 R 80μm=10%～15%）
磨机电耗	7.8kW·h/t 生料（实际 7.5kW·h/t 生料）
系统电耗	15.8kW·h/t 生料（实际 15.4kW·h/t 生料）

TRM5341 立式磨的操作控制任务单见表 4-1-2。

表 4-1-2　TRM5341 立式磨的操作控制任务单

专业班组		班长		日期	
操作任务：TRM5341 立式磨的操作控制					
检查意见：					
签章：					

任务分组

学生任务分配见表 4-1-3。

表 4-1-3　学生任务分配表

班级		组号		指导教师	
组长		学号			

续表

成员任务分工情况	学号	姓名	分工	学号	姓名	分工

工作准备

（1）阅读工作任务书，借阅或上网查询有关的资料，获取 TRM 立式磨的结构、工作原理、主要参数等相关知识。

（2）结合水泥厂实际生产情况，收集 TRM 立式磨操作控制要点、安全操作规程等资料。

（3）结合任务书，熟练掌握 TRM5341 立式磨的操作控制。

工作实施

1. 立式磨的优缺点

■ 引导问题 1：立式磨有哪些优点？

____

____

____

____

____

小提示

立式磨的优点

与传统粉磨设备相比，立式磨具有以下优点：

（1）粉磨效率高、能耗较低。采用料床挤压粉碎原理，物料在磨内受碾压、剪切作用。磨内气流可将磨细物料及时带出，避免过粉磨；物料在磨内停留时间一般为 2 ~ 4min（球磨机则是 15 ~ 20min），粉磨效率为球磨机的 165%，电耗可降低 30% 左右。

（2）烘干能力大、烘干效率高。热风从环形缝喷入，风速高，磨内通风截面大，阻力小，利用窑尾预热器废气可烘干含水量 6% ~ 8% 的物料，若有热风炉可烘干含水量 15% ~ 20% 的物料。

（3）入磨物料粒度大。一般可达磨辊直径的 5%，大型磨入料粒度可达 150 ~ 200mm，设备工艺性能优越，单机产量大，设备运转率高，金属磨损比球磨机低。

（4）细度调节方便，产品粒度均齐。

（5）工艺流程简单、布置紧凑，集破碎、粉磨、烘干、选粉于一体。

（6）噪声小，扬尘少，有利于环境保护。由于磨辊、磨盘不直接接触，没有金属撞击声，噪声比球磨机小 10dB 以上；密封性好，多为负压操作，扬尘少。

（7）对粉磨物料适应性强，可用于粉磨各种原燃料，如石灰石、砂页岩（SiO_2>90%）、煤、水泥熟料、高炉矿渣等，可适应各种替代原材料的使用，如铁选矿污泥、石英砂尾渣等高水分废渣，实现资源综合利用。

（8）立式磨摇臂下部设置机械限位，防止磨辊直接作用在磨盘上；四辊磨机，可实现对称两辊单独运行，保证设备运转，在不停机的状态下两辊运行产量可达到设计值的 60% 左右。

（9）有利于设备大型化。

（10）磨耗低。

企业案例

海外项目生料立式磨使用高湿物料生产实践

某海外工程（北京）有限公司针对土耳其某水泥集团 Trakra 工厂 2500t/d 生产线，原有的一台 KHD 球磨机和一台 IHI 立式磨产量总和都不能满足窑系统喂料要求，原料为高湿物料（最大水分 14%）且易磨特性不明朗，进行技术改造。通过生产调试，分析项目执行过程中出现的工艺和设备问题，总结工艺改进和优化操作方案，选用烘干能力更强的

生料立式磨使用高湿物料生产实践

TRMR38.4 生料立式磨，最终圆满完成性能考核任务。改造后各项性能指标全部符合合同要求，立式磨平均产量 213.6t/h，主机综合电耗约 13.63kW · h/t，达到较优水平。

■ 引导问题 2：立式磨有哪些不足？

2. TRM 立式磨的结构

■ 引导问题 3：立式磨的构造主要包括________________机构、________机构、________________机构和____________________机构等。

■ 引导问题 4：立式磨的核心部件是________________和________________。

■ 引导问题 5：磨盘与磨辊组合方式有哪四种？TRM 磨属于哪种？

小提示

磨盘与磨辊组合方式

立式磨的形式不同，但其结构和工作原理基本相同。主要区别在于磨辊与磨盘的结构组合不同。磨辊沿水平圆形轨迹在磨盘上运动，通过外部施加在磨辊上的垂直压力，使磨盘上物料受到挤压和剪切作用，得以粉碎。目前，主要有如下四种组合方式：平盘、圆锥形磨辊，沟槽磨盘、鼓形磨辊，平盘、圆柱形磨辊，双沟槽磨盘、分半鼓形磨辊。

TRM 立式磨结构

■ 引导问题6：TRM 立式磨磨辊外翻设计有何优势与不足？

■ 引导问题7：立式磨磨辊限位装置的位置及其作用是什么？

■ 引导问题8：立式磨中挡料圈的作用是什么？

■ 引导问题9：立式磨中风环的位置及其作用是什么？

■ 引导问题10：立式磨进料装置锁风阀的作用是什么？

■ 引导问题11：立式磨生料粉磨系统的产品细度主要通过以下（　　）来控制。

A. 磨盘转速　　B. 循环风机转速

C. 选粉机转速　　D. 磨辊转速

■ 引导问题12：为什么说立式磨自身构成一套闭路循环系统？

____

____

____

____

____

■ 引导问题13：立式磨的加压装置由什么构成？

____

____

____

____

____

■ 引导问题14：立式磨加压系统的加压方式有__________和__________。TRM立式磨属于__________。

■ 引导问题15：立式磨中驱动机构由什么组成？

____

____

____

____

____

■ 引导问题16：立式磨喷水系统有何作用？

____

____

____

____

____

■ 引导问题 17：立式磨中刮料板的作用是什么？

企业案例

排渣腔内刮料板连续断裂

排渣腔内刮料板
连续断裂

沙特水泥公司建设有 2 条万吨生产线，由 A 国际工程股份有限承建。B 水泥有限公司负责该生产线调试和生产承包。2 条生产线配置 4 台同规格的 LM56.4 生料立式磨。2008 年投产后，运行两个月左右，出现异常情况：排渣腔内传出较大的撞击声响，且排渣外排不畅通，影响到磨机的正常运行。停磨检查，发现排渣腔内 4 只刮料板，或掉落，或严重变形。重复焊接，重复出现故障。经分析，确定为原设计结构强度不够。为了加强刮料板的强度（图 4-1-1），对其进行了改进，两侧增加了加强筋板，筋板用槽钢制成。

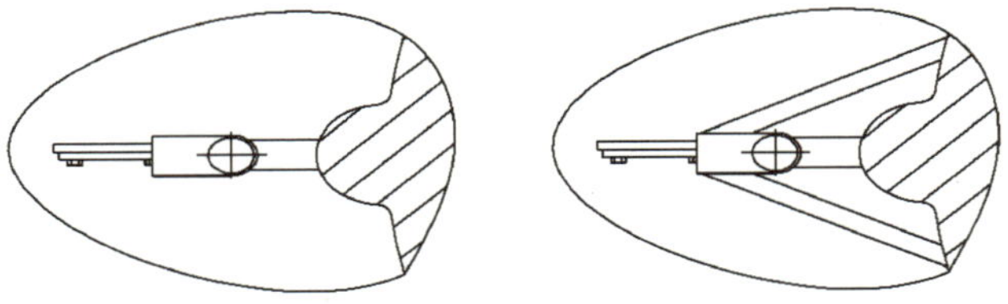

改进前　　改进后

图 4-1-1　刮料板

■ 引导问题 18：立式磨中蓄能器的作用是什么？

企业案例

蓄能器氮气囊损坏严重

沙特水泥公司建设有2条万吨生产线，由A国际工程股份有限公司（SINOMA）承建。B水泥有限公司负责该生产线调试和生产承包。2条生产线配置4台同规格的LM56.4生料立式磨。2008年投产后，在日常维护过程中，每月定期轮流对每台磨机大蓄能器压力进行检查。初期检查发现：与液压缸下腔连接16只蓄能器基本上没有问题，但与液压缸上腔连接24只蓄能器中总有几只蓄能器压力为零，排查完其他原因，最后确诊为蓄能器内胆氮气囊损坏。拆卸损坏的氮气囊，发现其表面存在大小不等的裂口，其位置处于蓄能器进油口一端的自由端（非固定端），并且大部分裂口集中处在曲率半径变化较大的部位。

蓄能器氮气囊损坏严重

针对上述问题，结合当地情况，分析发现主要是氮气囊预充气压力过大的缘故。沙特生产线立磨研磨压力为6.0MPa或更低（国内立磨研磨压力在11MPa左右），最小研磨压力和最大研磨压力取较小值（4.91MPa和14.0MPa）更合适。因此，必须减小氮气囊预充气压力。据此，重新调整氮气囊的压力为3.5MPa。运行一年多时间，很少发生氮气囊损坏现象。

■ 引导问题19：填写TRM立式磨设备部件名称（图4-1-2）。

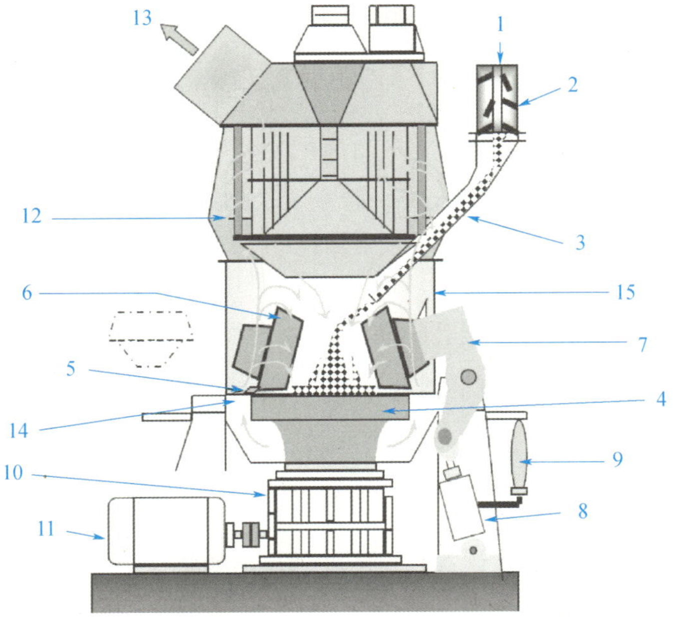

图 4-1-2　TRM 立式磨设备

■ 引导问题 20：简述 TRM 立式磨的特点。

____

____

____

____

____

____

____

____

小提示

TRM 立式磨的特点

TRM 立式磨由天津水泥工业设计研究院研制开发，其特点是：

（1）为防止磨辊与磨盘直接接触产生金属撞击引起振动，磨机设有特殊的磨辊与磨盘之间间隙定位、调节缓冲装置。当突然停料时，通过它缓冲磨辊压力，减缓磨机振动。

（2）磨机采用了液-气弹簧系统的加压装置，并选择了适当的系统压力，每个液压油缸都配置容量和内部气体压力合理的蓄能器。克服了老式金属弹簧加压装置在生产中无法改变辊压的缺点，缓冲性能好。使辊压波动为最小，减轻了振动。

辊轴与壳体间采用了弧形板密封结构，克服了老式圆形孔橡胶密封板由于摇臂摆动而易损坏的弱点，改善了密封性能，减小了磨机漏风。

（3）专门配备了液压式三道锁风进料装置，翻板周期可根据喂料量变化任意调节，喂料过程中，任何时间都有两块翻板关闭着，有效地减小了漏风。

（4）磨机磨辊具有自动抬起和落下的功能，可实现磨机空载或轻载启动，无须设置慢速驱动装置。

（5）磨机设有一套液压翻辊装置，可将磨辊翻出机外，检修方便又省时。

3. TRM 立式磨的工作原理

■ 引导问题 21：立式磨是根据________________工作原理设计的。

■ 引导问题 22：简述立式磨的四个工作过程。

立式磨工作原理

粉磨过程：________________

烘干过程：________________

选粉过程：________________

排渣过程：________________

■ 引导问题23：什么是层压粉磨？与球磨机粉磨物料的区别是什么？

____

____

____

____

4. TRM 立式磨的主要参数

■ 引导问题24：辊式磨的磨盘转速决定了物料在磨盘上的运动速度和________，它必须与物料的______________相平衡。

■ 引导问题25：立式磨随着辊压力增加，成品粒度变小，产量越高，对吗？

____

____

____

____

■ 引导问题26：立式磨在工作过程中，磨内通风有何作用？

____

____

____

____

5. TRM 立式磨的操作控制要点

■ 引导问题27：立式磨的操作控制要点有______________、______________、______________和______________。

小提示

立式磨的操作控制要点

立式磨的操作控制要点有维持稳定的料床、寻求适宜的辊压、控制合理的风速、调节一定的出磨气温。

除此之外，还有磨主机电流、磨内压差、磨机振动、产品细度、排渣量，以及喷水量的变化等。

立式磨操作控制要点

■ 引导问题28：哪些因素可能会影响料层厚度？

____

____

____

____

____

____

■ 引导问题29：辊压与产量、能耗的关系是什么？

____

____

____

____

____

____

■ 引导问题30：风量与喂料量的关系是什么？

____

____

____

____

____

____

■ 引导问题31：立式磨系统是烘干兼粉磨系统，____________是衡量烘干作业是否正常的综合性指标。

■ 引导问题32：为了保证烘干效果，出磨气体温度越高越好，对吗？

____

____

____

____

____

(6) 立式磨的安全操作

■ 引导问题 33：完成有关立式磨安全操作的判断题。

① 立式磨操作员要做好操作前的准备工作，如了解上一班的情况，确保对讲机、电话等畅通。(　　)

② 操作员进入生产区域可以穿着便衣。(　　)

③ 操作员必须严格执行设备操作规程。(　　)

④ 发现故障或隐患未排除继续生产。(　　)

立式磨安全操作规程

评价反馈

准备阐述材料，完成学习任务汇报表（表4-1-4）和任务评价表（表4-1-5），各组代表报告 TRM 立式磨操作控制过程及注意事项，介绍任务的完成过程。

表 4-1-4　学习任务汇报表

<table>
<tr><th>班级</th><td></td><th>组号</th><td></td><th>指导教师</th><td></td></tr>
<tr><th>任务目标</th><td colspan="5"></td></tr>
<tr><th>分工情况</th><td colspan="5"><table>
<tr><th>姓名</th><th>任务分工</th><th>姓名</th><th>任务分工</th></tr>
<tr><td></td><td></td><td></td><td></td></tr>
<tr><td></td><td></td><td></td><td></td></tr>
<tr><td></td><td></td><td></td><td></td></tr>
</table></td></tr>
<tr><th>陈述讨论</th><td colspan="5"></td></tr>
</table>

续表

学习成果	
学习体会	

表 4-1-5　学习任务评价表

班级：	姓名：		学号：			
子任务 4-1	TRM 立式磨的操作控制					
评价项目	评价内容	分值	评价			综合得分
			自评	互评	师评	
职业素养 30%	态度端正，无缺勤、迟到、早退现象	6				
	穿戴整洁，仪表大方	6				
	积极参加教学活动，能按时完成工作任务	6				
	团队合作、与人交流能力	6				
	“珍惜生命，安全作业”警钟长鸣	6				
专业能力 70%	能说出立式磨的优缺点	10				
	能准确指出 TRM 立式磨各部位结构名称	20				
	能正确叙述 TRM 立式磨四个工作过程	20				
	能正确说出立式磨操作控制要点，并分析其对生产的影响作用	20				
合计		100				

拓展

（7）其他立式磨的应用情况

■ 引导问题 34：简述 MPS/MLS 立式磨。

德国兄弟 Pfeiffer 公司的 MPS 型立式磨，采用沟槽形磨盘，轮胎形斜辊。磨辊轴与水平夹角为12°。磨辊可以翻转180°使用，使用寿命长，3个磨辊在磨盘上容易平衡稳定。MLS立式辊磨机是沈阳重型机械有限公司在MPS型立式磨基础上开发设计的。

企业案例

MLS3726 立式磨使用经验

费县某水泥有限公司5000t/d生产线，生料磨采用两台MLS3726立式磨，投运初期出现异常振动，液压系统故障频频，先后出现过掉刮板和磨辊以及立磨减速机立轴、三件套损坏的设备事故，严重影响正常生产。经过不断摸索，总结出一些操作经验。

MLS3726 立式磨使用经验

（1）逐步降低磨盘挡料环高度直至去除，料层厚度保持在60～100mm。生产体会：磨机只要不振动，料层越薄，研磨效率越高，能耗越低，液压系统故障减少。

（2）改变磨内喷水位置和方向。由最初磨盘水平方向分三点喷水，改为喷水与磨盘垂直，与磨盘边缘距离约200mm。这种喷水方式大大增加料层的稳定性，减少磨机振动，提高设备运转率。

（3）改造磨机刮板底衬（即排渣腔底衬板）。去掉中间8mm钢板保温层，刮板底衬由M16沉头螺栓改用20mm锰板，直接与底板铆焊在一起。

（4）调整中心下料点的距离。最初下料管直径ϕ900mm，距磨盘垂直距离约1500mm，易造成大颗粒物料顺中心下料管进入分离器，影响产品细度。改造后将中心下料点距离改为500mm；下料管内部分多层焊接环形钢板，使下料管有效直径缩小为ϕ400～500mm，同时增加下料管的耐磨能力。

经优化改造后，台时产量由180t/h增至200t/h，综合电耗由26kW·h/t降至22kW·h/t，200μm筛余由2.3%降至1.6%。

■ 引导问题35：简述ATOX立式磨。

ATOX立式磨是由丹麦F.L.史密斯公司研制生产的大型立式辊磨，多用于生料的制备系统。

企业案例

ATOX50 型生料立式磨进料装置改造

莒县某水泥有限公司采用的是 F. L. 史密斯公司生产的 ATOX50 型辊式磨，磨辊规格：ϕ3000mm×1000mm，磨盘直径：ϕ5000mm，入磨粒度：≤80mm 占 90%，最大 175mm。回转下料器喂入立式磨的混合原料粒度较大且不均匀，极易造成下料器的叶轮以及壳体磨损，导致锁风效果变差、立式磨台时产量下降，且叶轮磨损后喂入物料颗粒不均容易造成下料器卡死而频繁故障停机。

ATOX50 型生料立式磨进料装置改造

技术改造主要是在入磨皮带下部加装一个稳流仓和入磨皮带秤，通过稳流仓料位控制皮带秤的入磨物料量，大幅降低物料对入磨溜子的冲击。改造后的进料系统主要由稳流仓、气动棒阀、荷重传感器、入磨皮带秤及液压推料耙等组成，原有三通阀和溜子保留（图 4-1-3）。物料在调配库配料后，混合料经输送皮带进入稳流仓后再进入入磨皮带秤，最终喂入立式磨。入磨皮带秤采用全封闭密封，保证零漏风。入磨皮带秤下设置液压推料耙，消除皮带秤下物料堆积影响皮带秤正常运行的潜在危害。

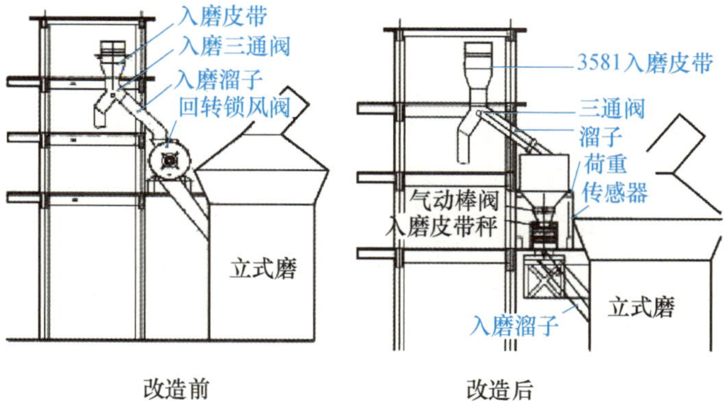

图 4-1-3 ATOX50 型生料立式磨进料装置改造

通过立式磨入磨锁风装置技术改造，立式磨系统漏风情况有了明显改善，系统阻力减小，尾排风机转速降低，尾排风机电流降低明显。

(8) 立式磨在水泥粉磨系统中的应用

■ 引导问题36：简述立式磨预粉磨系统。

由日本秩父小野田株式会社与川崎重工合作开发的CKP磨是典型的立式磨预粉磨机，此外还有宇部的UVP磨（图4-1-4）、石川岛播磨重工的IS-mill和PG-mill、三菱重工的VR-mill等。这种预粉磨机的辊子与磨盘之间的压力仅为辊压机的1/4～1/10，所以设备的运转率较高。一般情况下，一台管磨机与CKP预粉磨机组成预粉磨系统后，产量可以达到原有管磨机的150%以上，水泥粉磨电耗比原单独管磨降低20%～30%。

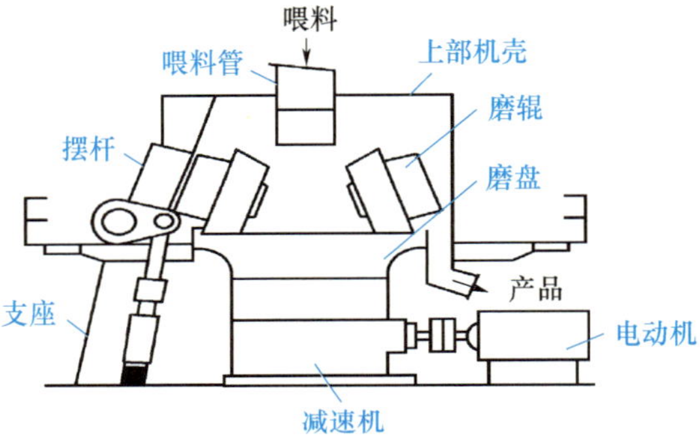

图4-1-4　CKP磨

请查阅，国内有哪些水泥企业采用立式磨预粉磨系统？效果如何？

企业案例

某水泥厂采用CKP-240立磨，磨盘直径ϕ2400mm，磨辊为3个ϕ1640mm×640mm，通过能力450t/h，功率2100kW。配ϕ4.8m×8m管磨机，2500kW，整个水泥粉磨系统能力为180t/h，比表面积325m^2/kg，水泥电耗约23kW·h/t，CKP磨保证寿命20000h。

■ 引导问题37：简述立式磨终粉磨系统。

20世纪80年代初，日本开发了用于水泥终粉磨的立式磨，如秩父小野田和神户制钢共同开发了OK Roller mill，秩父小野田与川崎重工共同开发了CK Roller mill，三菱重工的VR mill，宇部兴产的Loesch mill等。德国莱歇公司、史密斯公司和Pfeiffer公司都相继开发了粉磨水泥的立式磨。

（1）请查阅资料，国内有哪些水泥企业采用立式磨终粉磨系统制备水泥？效果如何？

____

____

____

____

____

（2）立式磨终粉磨系统制备水泥存在哪些问题？

____

____

____

____

____

子任务4-2 立式磨系统日常调控

情境描述

请监测生料立式磨系统的日常调节控制。

思政目标

低碳节能，优化操作；

“没有规矩，不成方圆”，严格执行各项规章制度，争做遵纪守法的好公民。

专业目标

能区分设有旋风筒循环风与不设有旋风筒循环风的立式磨工艺流程；

会正确识读生料立式磨中控界面，说出主要参数及其控制范围；

会对立式磨系统主要工艺参数进行调控；

会对立式磨系统主要控制项目进行调控；

能合理控制主要经济指标；

能说出立式磨系统中控室重点监控参数，并能区分控制参数和调节参数。

任务书

秦皇岛某水泥厂5000t/d规模新型干法生产线，生料制备采用设有旋风筒（4个）和循环风的TRM立式磨系统，台时产量在420～440t/h，主要设备参数见表4-2-1～表4-2-4，立式磨系统工艺流程图见图4-2-1。所用原料为石灰石、砂页岩、粉煤灰、铁矿石。请监测该系统的日常调节控制。

表 4-2-1　TRM 立式磨的工作参数

型号规格	TRM5341
磨盘直径	ϕ5300
磨辊规格	4－ϕ2450
装机功率	4000kW
选粉机功率	200kW
设计产量	430t/h（实际 420～440t/h）
生料细度	R80μm＝12%（实际 R80μm＝10%～15%）
磨机电耗	7.8kW·h/t 生料（实际 7.5kW·h/t 生料）
系统电耗	15.8kW·h/t 生料（实际 15.4kW·h/t 生料）

表 4-2-2　循环风机设备参数

风量	860000m³/h	风温	90～150℃
电机功率	4000kW	全压	11500Pa

表 4-2-3　尾排风机设备参数

风量	989500m³/h	风温	100～150℃
电机功率	1600kW	静压	4135Pa

表 4-2-4　主袋收尘设备参数

型号	LCMG-Ⅱ-564-4X10	含尘浓度	<20mg/Nm³	处理风量	1200000m³/h
入口温度	100～200℃	过滤面积	22560m²	过滤风速	0.89m/min

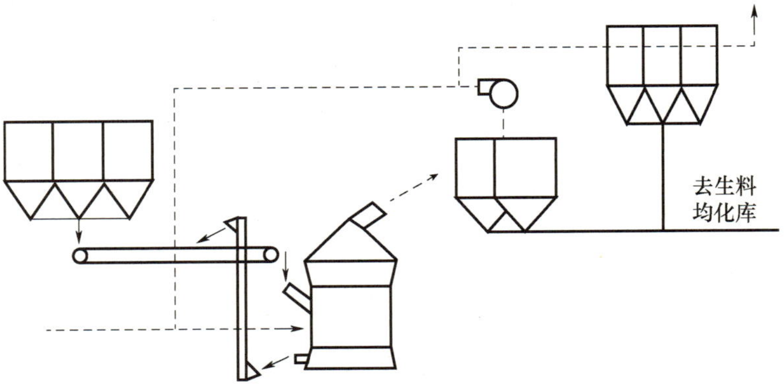

图 4-2-1　立式磨系统工艺流程图

任务单见表4-2-5。

表4-2-5 任务单

专业班组		班长		日期	
操作任务：立式磨系统日常调节控制					
检查意见：					
签章：					

任务分组

学生任务分配见表4-2-6。

表4-2-6 学生任务分配表

班级		组号		指导教师	
组长		学号			
成员任务分工情况	学号	姓名	分工	学号	姓名	分工

工作准备

（1）阅读工作任务书，借阅或上网查询有关的资料，获取立式磨系统工艺流程等相关知识。

（2）收集水泥企业生料立式磨系统中控界面、控制参数、主要控制项目、主要经济指标等资料。

（3）结合任务书完成生料立式磨系统日常调节控制。

工作实施

1. 生料立式磨系统流程

■ 引导问题1：完成下列选择题。

① 目前生料立式磨粉磨系统应用较广泛的是（　　）。

A. 设有旋风筒和循环风　　　B. 不设旋风筒和循环风

② 生料立式磨系统中，系统阻力较大的是（　　）。

A. 设有旋风筒和循环风　　　B. 不设旋风筒和循环风

③ 立式磨粉磨系统的产品是通过（　　）收集。

A. 立式磨自身　　　B. 收尘设备

④ 生料立式磨系统中，工艺流程比较复杂的是（　　）。

A. 设有旋风筒和循环风　　　B. 不设旋风筒和循环风

⑤ 生料立式磨系统中，对收尘器要求较高的是（　　）。

A. 设有旋风筒和循环风　　　B. 不设旋风筒和循环风

小提示

设有旋风筒和循环风的粉磨系统（图4-2-2）

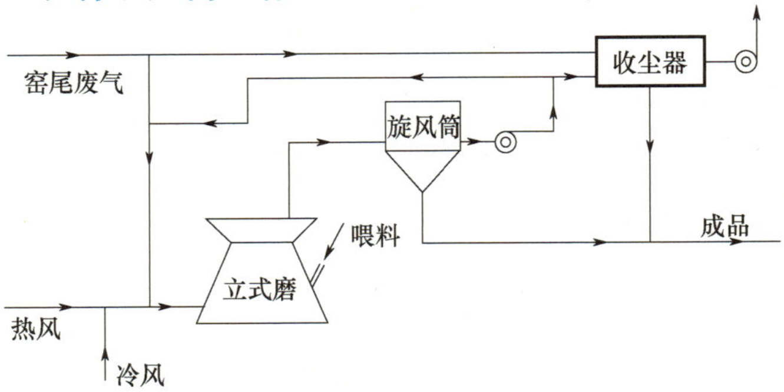

图4-2-2　设有旋风筒和循环风的立式磨系统

优点：减少收尘风量，降低气体含尘浓度，对收尘器的要求降低。

缺点：系统复杂，阻力增加。

不设有旋风筒和循环风的粉磨系统（图 4-2-3）

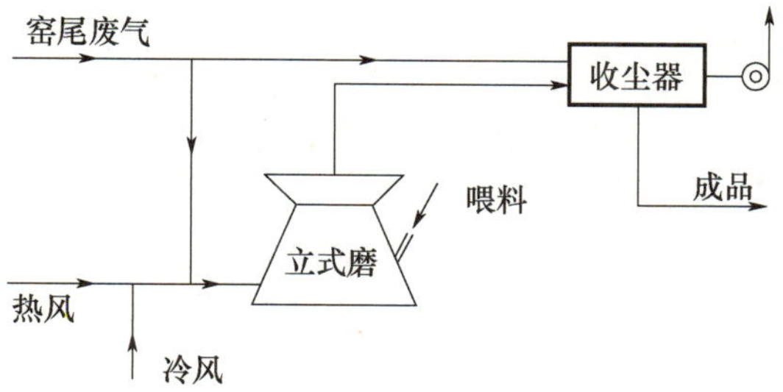

图 4-2-3　不设有旋风筒和循环风的立式磨系统

优点：流程简单，系统阻力小。

缺点：对收尘器要求较高，要能适应较高的粉尘浓度。

■ 引导问题 2：简述图 4-2-4 工艺流程。

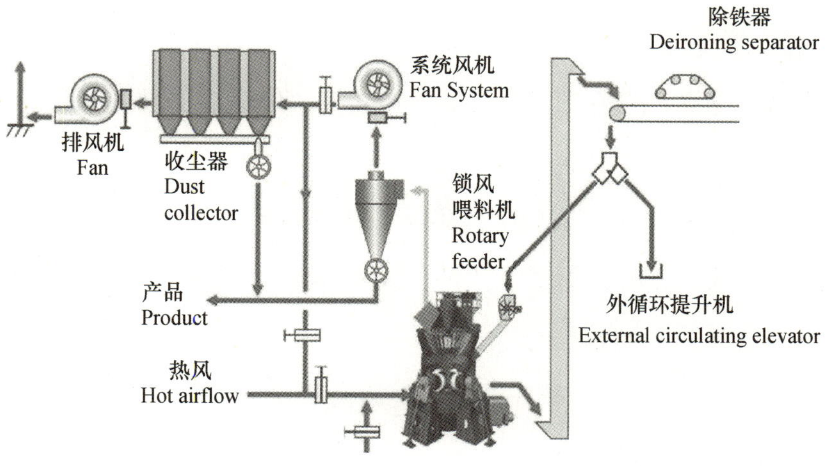

图 4-2-4　某水泥企业生料立式磨系统工艺流程

____

____

____

____

企业案例

提高 TRM53.41 型立式磨运行效率的优化改造

青海某水泥有限公司二期 5000t/d 熟料生产线，生料磨为一家公司生产的 TRM53.41 型立式磨。自运行以来，相继出现磨机运行振动大、磨辊加载油管和储能器氮气囊频繁爆裂、摇臂底座开裂、磨辊轴承损坏等问题，造成磨机运行效率差，检修成本高。制定优化改造方案如下：

提高 TRM53.41 型立式磨运行效率的优化改造

（1）改变外循环斗式提升机出料口溜子下料点位置，由入磨皮带改至回转下料器进口闸板上方。若立式磨发生故障跳停时，实现入磨皮带联锁跳停，停止供料，有效避免“饱磨”现象。

（2）增加磨辊液压油缸囊式储能器。每个磨辊由原来的 4 个（40L），增加至 6 个（40L），提高缓冲能力。

（3）将磨辊回油管上的装配式热电阻（Pt100）替换成螺纹式热电阻（Pt100），将热电阻导线从磨辊透气管穿出与仪表端连接，从而确保检测温度为磨辊轴承的实际工作温度。

（4）在入磨斜溜槽的下方安装阶梯溜子（WM400 耐磨钢板），形成物料填充挡板间隔空间的“保护层”，大大提高溜槽的使用寿命，从而避免溜槽底部破损处漏料，造成料床不稳定，磨机振动较大的问题。

经优化改造后，磨机运转率由 85.58% 提高到 95.16%，年平均台时产量提高 9.05t/h，生料工序电耗降低 0.99kW·h/t，水平振动值降至 1.3～1.4mm/s。

2. 主要工艺参数的调控

■ 引导问题 3：稳定磨内料床的厚度。

磨内料床的厚度反映问题：____

磨内料床的厚度对生产的影响：

调节控制：

■ 引导问题4：稳定入磨气体温度

入磨气体温度反映问题：

入磨气体温度对生产的影响：

调节控制：

■ 引导问题5：稳定入磨负压。

入磨负压反映问题：

入磨负压对生产的影响：

调节控制：

■ 引导问题6：稳定立式磨出、入口压差。

立式磨出、入口压差反映问题：

立式磨出、入口压差对生产的影响：

调节控制：

■ 引导问题7：稳定立式磨生料细度。

立式磨生料细度反映问题：

立式磨生料细度对生产的影响：

调节控制：

3. 控制项目

■ 引导问题8：立式磨系统控制项目有哪些？

______

______

______

______

______

■ 引导问题9：完成下列判断题。

① 立式磨系统中，控制磨内通风量主要遵循“料多风大”的原则。(　　)

② 实际生产中，通过稳定压差来调节喂料量以稳定磨内负荷。(　　)

③ 立式磨系统中，喷水量与磨内温度无关。(　　)

④ 立式磨系统中，当物料易磨性差时，料层厚度依然保持不变。(　　)

⑤ 立式磨系统中，分离器转速是控制产品细度的主要手段。(　　)

⑥ 挡料圈高度决定了料层厚度，因此挡料圈的高度不宜太高或太矮。(　　)

4. 主要经济指标

■ 引导问题10：产品细度

影响因素：______

______

调控：______

______

控制指标：______

______

■ 引导问题11：产品水分

影响因素：______

______

调控：______

______

控制指标：______

______

■ 引导问题 12：产量

■ 引导问题 13：能耗

课程思政 低碳节能，优化操作

水泥行业是碳排放大户。国家的“碳达峰”“碳中和”政策如期推行，水泥行业碳减排行动必将加速推进。2021 年全国“两会”中，“碳达峰”“碳中和”首次被写入政府工作报告。“力争在 2030 年前碳排放达峰、努力争取 2060 年前实现碳中和”的目标，为我国实现绿色低碳发展指明方向。因此，我们必须依靠技术、优化操作来实现低碳节能，从细节入手，从一点一滴做起。

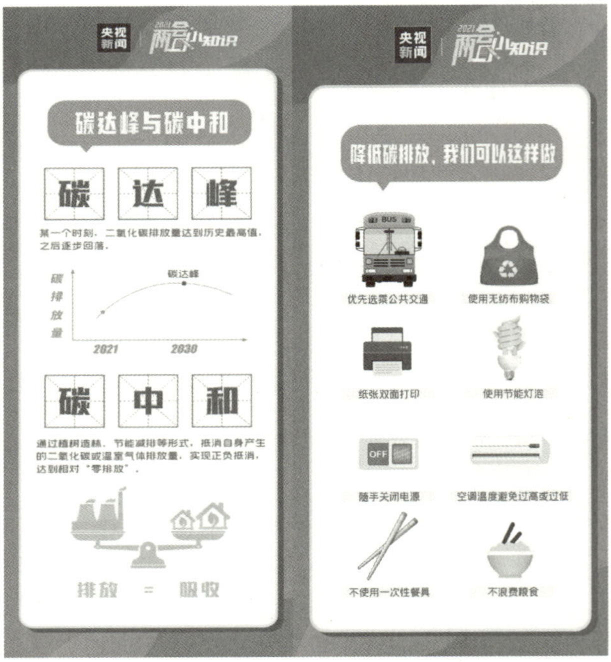

企业案例

TRM53.41 生料立式磨提产降耗的优化措施

广东某建材股份有限公司 5000t/d 生产线的生料磨采用 TRMR53.41 立式磨，设计产量>420t/h。自 2011 年年底试机投产以来，运行基本正常，磨机工况也基本稳定，但各项产质量运行指标与国内同类型磨机的先进水平相比仍然差距较大。为此，公司在 2012 年 5 月专门组织成立立式磨系统的提产降耗攻关小组，通过控制入磨石灰石物料的粒度、调整挡料圈的高度、加强密封工作、定期检查并调整氮气囊压力、重新焊接磨内的喷水管道、调整好与磨盘的相对位置并优化喷水孔口径、调整入磨下料管等一系列的优化措施，取得了良好的效果（表 4-2-7）。

TRM53.41 生料立式磨提产降耗的优化措施

表 4-2-7 技改前后运行效果对比

比较项目	技改前（5 月份）	技改后（6、7 月份）	
		一般情况下	石灰石粒度控制较好时
月均台时产量/（t/h）	425	453～451	470～480
月均工序电耗/（kW·h/t）	22	17.2～17.3	15.5
节省用电		两月共粉磨 33.5 万 t 生料，可节省用电 335000t×4.75kW·h/t=159.13 万 kW·h	
节约电费		若按电费 0.7 元/kW·h 计算，直接节约电费 1591300kW·h×0.7 元/kW·h=111.4 万元	

5. 中控室监控

5000t/d 新型干法水泥生产线 DCS 仿真系统由博努力（北京）仿真技术有限公司设计开发。操作界面高度（图 4-2-4）还原厂家监控画面，运行参数进行全过程动态仿真。

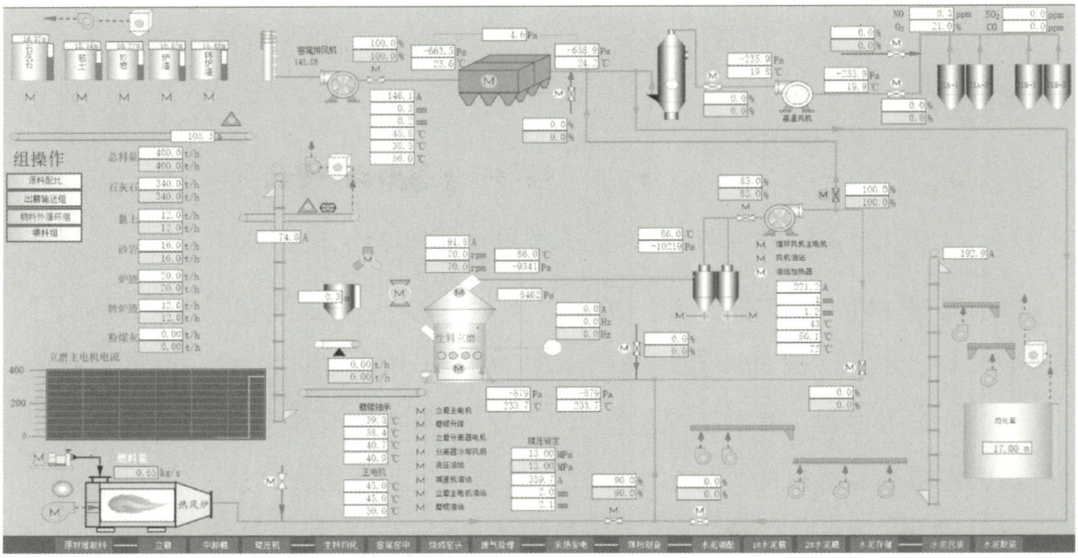

图 4-2-4　操作界面

■ 引导问题 14：简述工艺流程。

____

____

____

____

■ 引导问题 15：填写主要参数控制范围。

喂料量：______________________________

立式磨主电机电流：______________________________

立式磨入口热风温度及风压：______________________________

立式磨出口热风温度及风压：______________________________

立式磨进出口压差：______________________________

立式磨振动值：______________________________

研磨压力：______________________________

选粉机转速：______________________________

____

____

____

■ 引导问题 16：中控室重点监控参数有哪些？

■ 引导问题 17：哪些参数是控制参数？

■ 引导问题 18：哪些参数是调节参数？

企业案例

ATOX-50 生料立式磨的中控操作

某水泥公司 5000t/d 生产线生料配料采用石灰石、黏土、铜矿渣和砂页岩四组分配料。生料磨引进的是丹麦 FLS 公司的 ATOX-50 辊式磨，采用三风机系统，主电机额定功率 3800kW，额定电流 431.7A，循环风机额定功率 3400kW，额定电流 380.9A，系统风机 710kW，额定电流 90.15A。已计划余热发电项目，故高温风机置于增湿塔之前。通过对料层厚度、研磨压力、磨出口温度、磨机压差、振动保护、立磨通风和磨机吐渣等方面的中控室调节控制，使生产达到稳定高产低消耗的目标。

ATOX-50 生料立式磨的中控操作

小提示

中控室操作规程

中控室生料立式磨系统操作规程和操作员岗位安全操作规程

新型干法水泥生产线中央控制室微机操作，是操作员通过观察生产运行参数及一些重要参数的变化趋势，及时调控，实现对生产过程的操作、控制和管理，调节控制方便、快捷。

生料磨系统中控室操作规程是中控操作员作业指导书，规定了生料粉磨系统中央控制室的操作控制方法和要求。其中列举了生料粉磨系统的启动、运转监护、工艺参数调整控制和停机等操作规程。中控操作员要能通过参数变化，对常见故障做出正确判断，并及时做出相应调整。优化出系统最佳操作参数，确保原料磨长期安全运转，实现优质、高产、低消耗。

除此之外，中控操作员要能应对紧急情况。设备运行过程中，可能会发生故障停车、自保停车以及岗位现场停车的情况，系统的部分设备也会因联锁而停车。另外，在紧急情况下，为了保证人身和设备安全，现场岗位、电气人员、操作员也会使用紧急停车的手段，使系统内的设备紧急停车，遇到上述停车时，操作员应进行正确处理。

课程思政 没有规矩，不成方圆

俗话说，“没有规矩，不成方圆”。任何一个企业、一个集体，想做到成功，要有一套完善的管理制度。一个团队中，大家来自不同的地方，都有不同的生活习惯和作息习惯，而怎样才能让这些不同的人变得和谐，变得团结，变得有凝聚力？统一而有效的管理，遵守单位的规章制度，增强执行力，是非常重要的。因此，我们必须严格执行中控室操作规程、岗位规章制度以及企业其他的管理制度，进而争当遵纪守法的好公民。

评价反馈

准备阐述材料，完成学习任务汇报表（表4-2-8）和任务评价表（表4-2-9），各组代表报告结果，介绍任务的完成过程。

表4-2-8　学习任务汇报表

<table>
<tr><td>班级</td><td></td><td>组号</td><td></td><td>指导教师</td><td></td></tr>
<tr><td>任务目标</td><td colspan="5"></td></tr>
<tr><td>分工情况</td><td colspan="5"><table><tr><td>姓名</td><td>任务分工</td><td>姓名</td><td>任务分工</td></tr><tr><td></td><td></td><td></td><td></td></tr><tr><td></td><td></td><td></td><td></td></tr><tr><td></td><td></td><td></td><td></td></tr></table></td></tr>
<tr><td>陈述讨论</td><td colspan="5"></td></tr>
<tr><td>学习成果</td><td colspan="5"></td></tr>
</table>

续表

学习体会	

表 4-2-9　学习任务评价表

班级：		姓名：	学号：			
子任务 4-2	立式磨系统日常调控					
评价项目	评价内容	分值	评价			综合得分
			自评	互评	师评	
职业素养 30%	态度端正，无缺勤、迟到、早退现象	5				
	穿戴整洁，仪表大方	5				
	积极参加教学活动，能按时完成工作任务	5				
	团队合作、与人交流能力	5				
	低碳节能，优化操作	5				
	“没有规矩，不成方圆”，严格执行各项规章制度，争做遵纪守法的好公民	5				
专业能力 70%	能区分设有旋风筒循环风与不设有旋风筒循环风的立式磨工艺流程	10				
	会正确识读生料立式磨中控界面，说出主要参数及其控制范围	10				
	会对立式磨系统主要工艺参数进行调控	15				
	会对立式磨系统主要控制项目进行调控	10				
	能合理控制主要经济指标	10				
	能说出立式磨系统中控室重点监控参数，并能区分控制参数和调节参数	15				
合计		100				

子任务4-3 立式磨系统开停车操作

情境描述

5000t/d 新型干法水泥生产线 DCS 仿真系统由博努力（北京）仿真技术有限公司研发，仿真范围为全厂生产工艺。操作界面高度还原厂家监控画面，运行参数进行全过程动态仿真。仿真机软件可模拟实际生产进行冷态开车和停车操作。

思政目标

干一行，爱一行，专一行，精一行，坚守初心，爱岗敬业。

专业目标

能正确完成开车前的准备工作；
能说出开车操作要点；
能说出开车顺序；
能完成模拟软件冷态开车，并将参数调整至正常范围；
能说出稳定工况下主要参数；
能说出停车顺序，完成模拟软件停车操作。

任务书

请完成 5000t/d 规模新型干法模拟生产线生料立式磨冷态启动，利用热风炉作为烘干热源（仅限模拟软件中），产量最终达到 350 ~ 400t/h。

请完成5000t/d规模新型干法模拟生产线生料立式磨系统开车操作/停车操作，利用热风炉作为烘干热源（仅限模拟软件中），在此过程中要保持系统的正常运行状态。任务单见表4-3-1。

表4-3-1　任务单

专业班组		班长		日期	
操作任务：立式磨系统开车操作/立式磨系统停车操作					
检查意见：					
签章：					

任务分组

学生任务分配见表4-3-2。

表4-3-2　学生任务分配表

班级		组号		指导教师	
组长		学号			
成员任务分工情况					

学号	姓名	分工	学号	姓名	分工

工作准备

（1）阅读工作任务书，借阅或上网查询有关资料，获取生料立式磨系统开车前的准备工作、开停车操作要点等相关知识。

（2）收集生料立式磨系统开停车顺序、参数调控等资料。

（3）结合任务书完成生料立式磨系统冷态开车，并使参数控制在正常范围内。

（4）结合任务书完成生料立式磨系统停车操作，并保持立式磨系统的正常运行状态。

工作实施

■ 引导问题1：立式磨系统开车前需要做哪些准备工作？

某水泥企业
生料立式磨系统
开车前准备

■ 引导问题2：生料立式磨系统开车操作要点有哪些？

■ 引导问题 3：生料立式磨系统正常的开车顺序是______________。

■ 引导问题 4：模拟仿真软件操作使用备用热风炉时，立式磨系统冷态启动开车顺序是什么？

某水泥企业生料立式磨系统开车操作和立式磨系统冷态开车模拟操作

小提示

立式磨系统冷态启动开车顺序（模拟仿真软件使用备用热风炉）

先检查以下阀门是否处于以下状态：

（1）高温风机至立式磨热风阀全关。

（2）热风炉出口阀门全关。

（3）立式磨入口热风阀全关。

（4）循环风机入口阀全关。

（5）循环风机出口阀全关。

按照以下顺序启动：

（1）启动出磨输送组。

（2）启动窑尾排风机（包括窑尾袋收尘、窑尾风机油站、变频器和风机电机）。

（3）打开窑尾排风机入口挡板（全开，靠变频器设定风机转速来调节风量）。

（4）启动立式磨循环风机（包括油站和主电机），全开风机出口阀，打开风机入口阀门（入口阀用来调节风量，初期开10%～20%，以后根据风量需求逐渐开大）。

（5）启动立式磨主电机、分离器（包括磨辊、主电机、分离器的一系列油站）。

（6）开启热风炉至立式磨入口风门（初期开10%～20%，之后根据风量需求逐渐开大）。

（7）开启热风炉风机、油泵，设定燃料量（由0.1开始逐渐升高），点击点火按钮。热风炉着火，立式磨入口温度开始上升。如果温度不上升，请检查系统风路是否打通（风阀是否都已按照要求开启）。

（8）进入暖磨阶段，观察立式磨出口温度，在喂料前，将立式磨出口温度升高到70～90℃。

（9）启动物料外循环组和喂料组（启动熟料输送设备前，注意将对应的收尘设备及除铁装置等先启动）。

（10）暖磨达到要求后，设定喂料量（开始可以喂料100t/h左右，然后逐渐增加）。

（11）喂料三通阀打到入磨状态。

（12）观察立式磨主电机电流，当电流开始上升，证明生料已进入立式磨磨盘。电流到280A左右时，开始落辊，加压研磨物料。开始压力设定在10MPa左右，根据物料量的增加而逐渐增加。分离器的转速调节在60r/min左右，根据料量的上升而逐渐增加。

（13）观察物料粗细的反馈，根据细度调整研磨压力和分离器转速。观察立磨出口温度，根据温度的高低，调整热风炉燃料量，以及调整入磨热风阀、循环风机入口阀门开度，调整风量大小。

（14）风量、燃料量、磨辊压力、选粉机转速，应根据生料喂料量的多少，结合细度、立磨出口温度而配合调节。保证细度合格，控制出口温度在75～95℃。

（15）逐渐提高产量到400t/h。

（16）逐步维持立式磨处于稳定运行状态（利用窑尾废气做热风源启动时，除去热风炉的操作步骤，开高温风机至立式磨热风阀）。

（17）大部分设备的启动，应根据启动联锁、工艺联锁和安全联锁关系，按照顺序启动，但热风炉、阀门等一些设备的启动，并无绝对的顺序要求，可以根据启动情况灵活处理。

■ 引导问题5：立式磨系统正常运行控制。

小提示

立式磨系统正常运行控制

立式磨生料制备系统的检测参数反映了其运行状态，可通过调节参数的调整来实现对检测参数的控制。

（1）根据原料水分含量及易磨性，正确调整喂料量及热风风门，控制喂料量与系统用风量的平衡；加大喂料量的幅度可根据磨机振动、出口温度、磨机压差及吐渣量等因素决定，在增加喂料量的同时，调节各风门开度，保证磨机出口温度。

（2）减小磨机振动，力求运行平稳，应注意以下几点：① 喂料平衡，每次加减幅度要小，防止磨机断料或来料不均匀，如喂料已发生断料，则立即出现故障停机。② 通风平衡，每次风机风门调整幅度要小。

（3）严格控制磨机出入口的温度。磨机出口温度一般控制在 85～95℃，可通过调整喂料量、热风风门和冷风风门控制；升温要求平稳，注意控制操作速度。

（4）控制磨机压差。磨机压差主要由磨机的喂料量、通风量、磨机的出口温度决定，在压差变化时首先查看喂料是否稳定，再看磨机入口温度变化。

入磨负压过低，磨内通风阻力大，通风量小，磨内存料多；若入磨负压过大，磨内通风阻力小，通风量较大，磨内存料少。调节负压时，入磨物料量、各检测点压力、选粉机转速正常时，入磨负压在正常范围内变化，通常调节磨内存料量或根据磨内存料量调节系统排风机入口阀门开度，使入磨负压在-700Pa。

立式磨磨内通风一定、各监测点压力正常的情况下，出入口压差过大，表明磨内喂料量过大。通常调节喂料量来调节立磨进出口压差，立磨进出口压差通常在-7800～-9500Pa。

（5）质量控制指标

各化学成分的控制是在X荧光分析仪对来样进行分析后，与给定值比较，如有偏差，DCS系统将自动调整相应组分皮带秤，以保证生料各化学成分合格。

通过热风风门、冷风风门及喷水量的调节，对来料水分进行调节。

通过选粉机的转速的调整，完成对产品细度的调整。出磨生料细度主要反映选粉机工作情况的好坏或系统通风量的大小。在系统通风量一定、各监测点压力正常的情况下，生料细度改变，表明选粉机转速发生变化或选粉机内部结构有损坏；若选粉机转速未发生变化，表明磨内通风量改变。处理方法通常是调节选粉机转速来控制。若是因系统通风量变化造成的，则需要调节系统排风机阀门开度。

（6）注意观察和控制吐出粗渣的料量，如吐出粗渣的料量过多，应先减料并迅速采取对应的措施。

（7）注意观察运行参数的控制范围。

■ 引导问题6：写出稳定工况下界面（图4-3-1）主要参数。

____

____

____

____

____

____

小提示

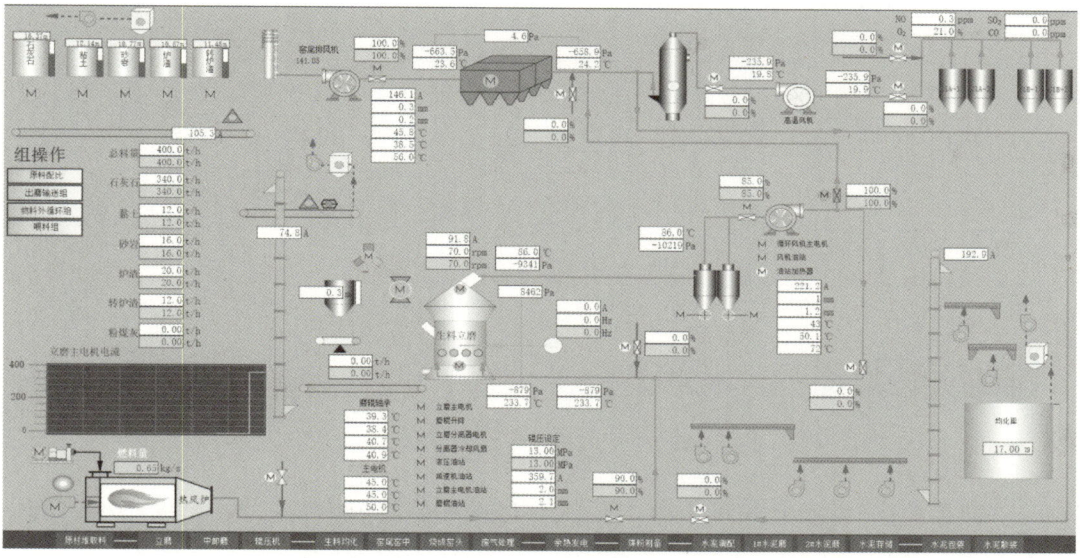

图 4-3-1 稳定工况下界面

■ 引导问题 7：生料立式磨系统正常的停车顺序是____________。

■ 引导问题 8：利用模拟仿真软件使用备用热风炉时，写出立式磨系统停车顺序。

____

____

____

____

____

____

某水泥企业生料立式磨系统停车操作和立式磨系统停车模拟操作

课程思政 坚守初心，爱岗敬业

古人讲：“逊志好学以希圣，自强不息以息天”。回眸过去，把握此刻，展望未来，我们始终坚信我们能够平凡但不能够平庸。只要不忘初心，坚守初心，方得始终。

干一行，爱一行，专一行，精一行。让我们立足本职，努力学习，不断创新，把爱岗敬业的精神写在奋斗的旗帜上。小草虽小，一样能铺成辽阔无垠的大草原；我们虽然平凡，但我们更要在平凡的岗位上创造辉煌！

评价反馈

准备阐述材料，完成学习任务汇报表（表4-3-3）和任务评价表（表4-3-4），各组代表报告结果，介绍任务的完成过程。

表4-3-3　学习任务汇报表

<table>
<tr><td>班级</td><td></td><td>组号</td><td></td><td>指导教师</td><td></td></tr>
<tr><td>任务目标</td><td colspan="5"></td></tr>
<tr><td>分工情况</td><td colspan="5">
<table>
<tr><td>姓名</td><td>任务分工</td><td>姓名</td><td>任务分工</td></tr>
<tr><td></td><td></td><td></td><td></td></tr>
<tr><td></td><td></td><td></td><td></td></tr>
<tr><td></td><td></td><td></td><td></td></tr>
</table>
</td></tr>
<tr><td>陈述讨论</td><td colspan="5"></td></tr>
<tr><td>学习成果</td><td colspan="5"></td></tr>
<tr><td>学习体会</td><td colspan="5"></td></tr>
</table>

表 4-3-4　学习任务评价表

班级：	姓名：		学号：			
子任务 4-3	立式磨系统开停车操作					
评价项目	评价内容	分值	评价			综合得分
			自评	互评	师评	
职业素养 30%	态度端正，无缺勤、迟到、早退现象	6				
	穿戴整洁，仪表大方	6				
	积极参加教学活动，能按时完成工作任务	6				
	团队合作、与人交流能力	6				
	干一行，爱一行，专一行，精一行，坚守初心，爱岗敬业	6				
专业能力 70%	能正确完成开车前的准备工作	5				
	能说出开车操作要点	10				
	能说出开车顺序	10				
	能完成模拟软件冷态开车，并将参数调整至正常范围	20				
	能说出稳定工况下的主要参数	10				
	能完成模拟软件停车操作，并保持系统正常运行状态	15				
合计		100				

子任务4-4　立式磨系统常见故障处理

情境描述

请根据立式磨系统参数变化，及时判断并处理常见故障。

思政目标

“珍惜生命，安全作业”警钟长鸣。

专业目标

能对生料立式磨系统常见故障进行原因分析和正确处理。

任务书

秦皇岛某水泥厂5000t/d规模新型干法生产线，生料制备采用设有旋风筒（4个）和循环风的TRM立式磨系统，台时产量在420～440t/h，主要设备参数见表4-4-1～表4-4-4。所用原料为石灰石、砂页岩、粉煤灰、铁矿石。请对该系统常见故障进行分析处理。

表4-4-1　TRM立式磨的工作参数

型号规格	TRM5341
磨盘直径	ϕ5300
磨辊规格	4－ϕ2450
装机功率	4000kW

续表

型号规格	TRM5341
选粉机功率	200kW
设计产量	430t/h（实际420～440t/h）
生料细度	R80μm=12%（R80μm=10%～15%）
磨机电耗	7.8kW·h/t生料（实际7.5kW·h/t生料）
系统电耗	15.8kW·h/t生料（实际15.4kW·h/t生料）

表4-4-2　循环风机设备参数

风量	860000m³/h	风温	90～150℃
电机功率	4000kW	全压	11500Pa

表4-4-3　尾排风机设备参数

风量	989500m³/h	风温	100～150℃
电机功率	1600kW	静压	4135Pa

表4-4-4　主袋收尘设备参数

型号	LCMG-Ⅱ-564-4X10	含尘浓度	<20mg/Nm³	处理风量	1200000m³/h
入口温度	100～200℃	过滤面积	22560m²	过滤风速	0.89m/min

任务单见表4-4-5。

表4-4-5　任务单

专业班组		班长		日期	
操作任务：立式磨系统故障处理操作					
检查意见：					
签章：					

任务分组

学生任务分配见表 4-4-6。

表 4-4-6 学生任务分配表

<table>
<tr><td>班级</td><td></td><td>组号</td><td></td><td>指导教师</td><td></td></tr>
<tr><td>组长</td><td></td><td>学号</td><td colspan="3"></td></tr>
<tr><td>成员任务
分工情况</td><td colspan="5"><table>
<tr><td>学号</td><td>姓名</td><td>分工</td><td>学号</td><td>姓名</td><td>分工</td></tr>
<tr><td></td><td></td><td></td><td></td><td></td><td></td></tr>
<tr><td></td><td></td><td></td><td></td><td></td><td></td></tr>
<tr><td></td><td></td><td></td><td></td><td></td><td></td></tr>
</table></td></tr>
</table>

工作准备

（1）阅读工作任务书，借阅或上网查询有关的资料，获取生料立式磨系统常见故障分析处理等相关知识。

（2）收集水泥企业生料立式磨系统常见故障分析处理等资料。

（3）结合任务书完成生料立式磨系统常见故障分析处理。

工作实施

■ 引导问题 1：该系统出现大量吐渣现象。请分析可能的原因，并提出相应的处理措施。

原因分析：____

____

____

____

____

立式磨系统
大量吐渣故障分析

处理措施：

企业案例

生料立式磨吐渣治理的技术改造

四川省某水泥有限公司针对 HRM3400 生料立式磨吐渣问题，进行了改造和治理。生料立式磨吐渣料是颗粒料和粉料的混合体，普通翻板阀锁风故障频繁，吐渣料皮带输送扬尘大。利用电磁振动输送机进行吐渣料的密闭输送，用多层柔性锁风替代普通翻板阀进行锁风，达到立式磨吐渣输送无扬尘、吐渣漏风减小等目的。改造后实现了密封输送，整个过程无物料溢出也无扬尘。

■ 引导问题 2：该系统立式磨出现剧烈振动。请分析可能的原因，并提出相应的处理措施。

原因分析：

立式磨系统

剧烈振动故障分析

处理措施：

■ 引导问题3：若该系统入磨气体温度过高，请指出中控室参数变化情况，分析可能的原因，并提出相应的处理措施。

故障现象：

原因分析：

处理措施：

■ 引导问题4：若该系统出磨负压偏高，请指出中控室参数变化情况，分析可能的原因，并提出相应的处理措施。

故障现象：

原因分析：

处理措施：

■ 引导问题5：若该系统磨尾排风机入口负压过高，请指出中控室参数变化情况，分析可能的原因，并提出相应的处理措施。

故障现象：

原因分析：

处理措施：

■ 引导问题6：若该系统磨尾收尘器入口负压过高，请指出中控室参数变化情况，分析可能的原因，并提出相应的处理措施。

故障现象：

原因分析：

处理措施：

■ 引导问题7：若该系统立式磨主机电流波动过大，请指出中控室参数变化情况，分析可能的原因，并提出相应的处理措施。

故障现象：

原因分析：

处理措施：

■ 引导问题8：若该系统产品细度粗，请指出中控室参数变化情况，分析可能的原因，并提出相应的处理措施。

故障现象：

原因分析：

处理措施：

■ 引导问题9：若该系统产品细度过细，请指出中控室参数变化情况，分析可能的原因，并提出相应的处理措施。

故障现象：

原因分析：

处理措施：

■ 引导问题 10：若该系统立式磨进出口压差过高，请指出中控室参数变化情况，分析可能的原因，并提出相应的处理措施。

故障现象：______________________________

____

____

原因分析：______________________________

____

____

处理措施：______________________________

____

____

____

■ 引导问题 11：若该系统立式磨出口温度过低，请指出中控室参数变化情况，分析可能的原因，并提出相应的处理措施。

故障现象：______________________________

____

____

原因分析：______________________________

____

____

处理措施：______________________________

____

____

____

评价反馈

准备阐述材料，完成学习任务汇报表（表4-4-7）和任务评价表（表4-4-8），各组代表报告结果，介绍任务的完成过程。

表 4-4-7　学习任务汇报表

<table>
<tr><td>班级</td><td></td><td>组号</td><td></td><td>指导教师</td><td></td></tr>
<tr><td>任务目标</td><td colspan="5"></td></tr>
<tr><td>分工情况</td><td colspan="5"><table><tr><td>姓名</td><td>任务分工</td><td>姓名</td><td>任务分工</td></tr><tr><td></td><td></td><td></td><td></td></tr><tr><td></td><td></td><td></td><td></td></tr><tr><td></td><td></td><td></td><td></td></tr></table></td></tr>
<tr><td>陈述讨论</td><td colspan="5"></td></tr>
<tr><td>学习成果</td><td colspan="5"></td></tr>
<tr><td>学习体会</td><td colspan="5"></td></tr>
</table>

表 4-4-8　学习任务评价表

班级：		姓名：	学号：			
子任务 4-4	立式磨系统常见故障处理					
评价项目	评价内容	分值	评价			综合得分
			自评	互评	师评	
职业素养 30%	态度端正，无缺勤、迟到、早退现象	6				
	穿戴整洁，仪表大方	6				
	积极参加教学活动，能按时完成工作任务	6				
	团队合作、与人交流能力	6				
	安全操作意识	6				
专业能力 70%	能对生料立式磨系统常见故障进行原因分析	40				
	能对生料立式磨系统常见故障进行正确处理	30				
合计		100				

拓展

5000t/d 新型干法水泥生产线 DCS 仿真系统由博努力（北京）仿真技术有限公司研发，仿真范围为全厂生产工艺。操作界面高度还原厂家监控画面，运行参数进行全过程动态仿真。仿真机软件可实时地反映机组设备故障、装置损坏和自动控制功能失灵等异常和事故工况，能仿真程度不同和渐变的故障，故障的仿真结果要求能正确反映真实故障过程。

该生料立式磨系统利用热风炉作为烘干热源（仅限模拟软件中），产量最终可达到 350 ~ 400t/h。

■ 引导问题12：根据中控界面参数变化（图4-4-1），判断系统故障，并做出相应处理。

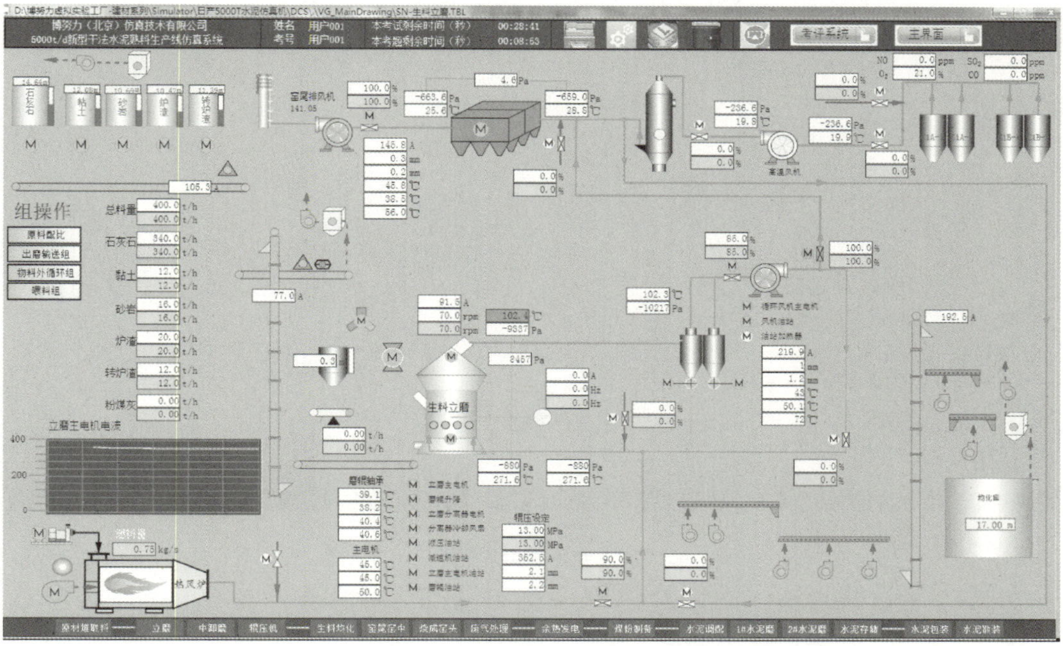

图4-4-1 中控界面1

故障判断：______

______

______

处理措施：______

______

______

______

■ 引导问题13：根据中控界面参数变化（图4-4-2），判断系统故障，并做出相应处理。

故障判断：______

______

______

______

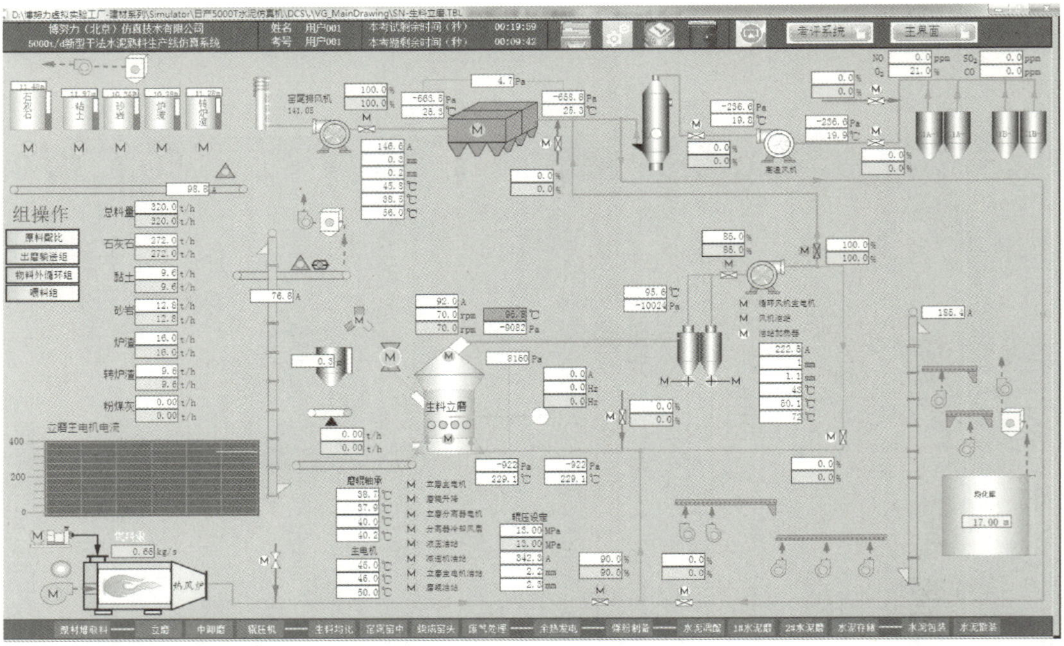

图 4-4-2　中控界面 2

处理措施：

■ 引导问题 14：根据中控界面参数变化（图 4-4-3），判断系统故障，并做出相应处理。

故障判断：

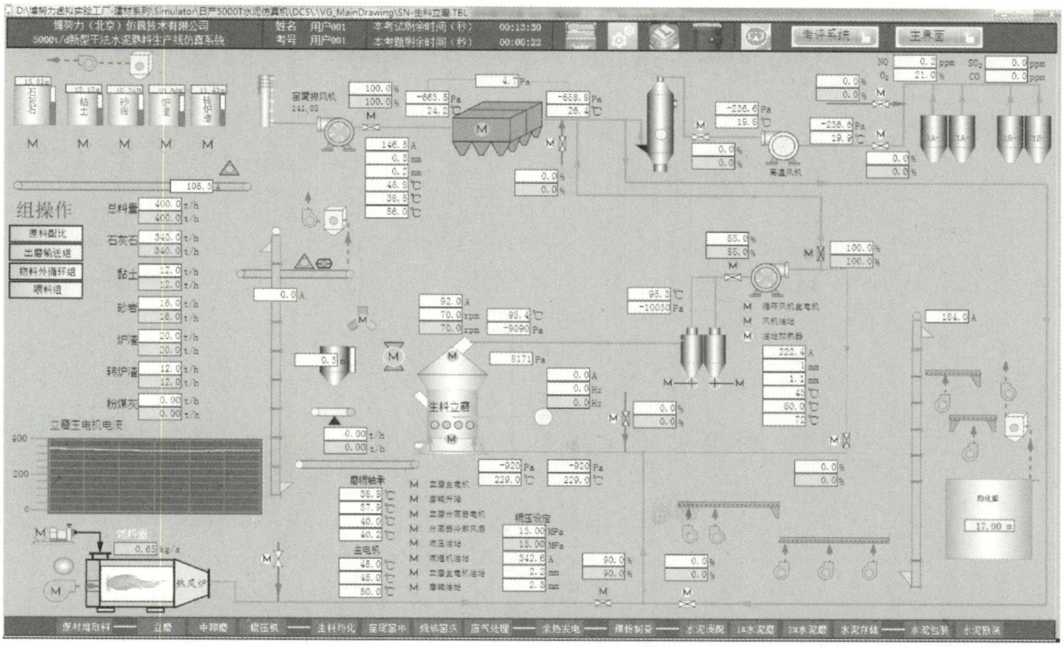

图 4-4-3　中控界面 3

处理措施：

学习任务 5

辊压机终粉磨系统操作控制

情境描述

在节能环保时代背景下，水泥行业向着“节能降损”方向发展。辊压机生料终粉磨系统是在国内外市场的需求和国家相关产业政策落实的基础上，结合现今装备技术发展的背景下提出的。在制备水泥生料时，辊压机终粉磨系统与立式磨系统相比，在节能方面具有更大的优势。因此，辊压机终粉磨系统逐渐被推广和应用在水泥行业。请熟练掌握辊压机终粉磨系统制备水泥生料的操作控制。

学习目标

本学习任务分解成5个子任务，分别为CLF辊压机操作控制、VX选粉机和XR选粉机操作控制、辊压机终粉磨系统日常调控、辊压机终粉磨系统开停车操作、辊压机终粉磨系统常见故障处理。通过完成5个子任务，你应该具备：

低碳节能，优化操作；“珍惜生命，安全作业”警钟长鸣。

能准确指出辊压机主要部位结构名称，并描述其功能；能正确叙述辊压机的工作原理，物料经过辊压机的三个阶段和三种效应；能说出辊压机安全操作注意事项。

能准确指出V型选粉机结构名称及四个功能区域，并能描述其功能；能正确叙述V型选粉机工作过程；会V型选粉机细度调控方法；能区分卧式选粉机和立式选粉机；能指出卧式选粉机存在的问题，且能提出改进措施。

会识读辊压机终粉磨系统中控界面，说出主要参数及其控制范围，并区分调节参数和控制参数；能指出辊压机终粉磨系统操作控制要点；能正确说出辊压机终粉磨系统安全操作注意事项。

能完成模拟软件冷态开车、停车操作。

能对辊压机终粉磨系统常见故障进行分析处理。

子任务5-1 CLF辊压机操作控制

情境描述

辊压机具有能耗低、产量高、噪声低等优点，在我国发展很快。在新建水泥厂中，绝大多数都选择辊压机终粉磨系统制备生料。老水泥厂改造中，生料磨也常常将球磨机+辊压机的系统改造为辊压机终粉磨系统，甚至有的水泥厂将生料立式磨系统改造为辊压机终粉磨系统。CLF系列辊压机是在20世纪末研制、开发的最新一代水泥工业专用粉磨设备，是由成都市利君实业有限责任公司生产。它能在较低能源消耗和运行成本下，实现水泥生料产量的大幅度提高。请掌握CLF辊压机的操作控制。

思政目标

低碳节能，优化操作；

“珍惜生命，安全作业”警钟长鸣。

专业目标

能说出辊压机的优缺点；

能准确指出辊压机主要部位结构名称，并描述其功能；

能正确叙述辊压机的工作原理；

能正确叙述物料经过辊压机的三个阶段和三种效应；

能说出辊压机安全操作注意事项。

任务书

秦皇岛某水泥厂 5000t/d 生产线辊压机生料粉磨系统配套使用 CLF 辊压机，其技术参数见表 5-1-1。所用原料为石灰石、砂页岩、粉煤灰、铁矿石。请监测该系统中 CLF 辊压机的操作控制。

表 5-1-1 CLF 辊压机的技术参数

型号规格	CLF ϕ2000mm×1600mm
物料	生料（中等易磨性）
物料温度	≤100℃
粒度	95% ≤45mm，max≤75mm
功率	2×1800kW
通过能力	1400～1800t/h
设计台时产量	420t/h
实际台时产量	380～440t/h

任务单见表 5-1-2。

表 5-1-2 任务单

专业班组		班长		日期	
操作任务：辊压机的操作控制					
检查意见：					
签章：					

任务分组

学生任务分配见表 5-1-3。

表 5-1-3 学生任务分配表

<table>
<tr><td>班级</td><td></td><td>组号</td><td></td><td>指导教师</td><td></td></tr>
<tr><td>组长</td><td></td><td>学号</td><td colspan="3"></td></tr>
<tr><td rowspan="4">成员任务
分工情况</td><td>学号</td><td>姓名</td><td>分工</td><td>学号</td><td>姓名</td><td>分工</td></tr>
<tr><td></td><td></td><td></td><td></td><td></td><td></td></tr>
<tr><td></td><td></td><td></td><td></td><td></td><td></td></tr>
<tr><td></td><td></td><td></td><td></td><td></td><td></td></tr>
</table>

工作准备

（1）阅读工作任务书，借阅或上网查询有关资料，获取辊压机的结构、工作原理等相关知识。

（2）收集水泥企业辊压机型号、产能等技术参数，以及生料辊压机安全操作规程等资料。

（3）结合任务书完成辊压机的操作控制任务。

工作实施

■ 引导问题 1：辊压机又称________________或________________，是继________________之后，20 世纪 80 年代发展起来的一种新型节能增产的粉磨设备。

■ 引导问题 2：填写辊压机结构（图 5-1-1）部件名称。

____

____

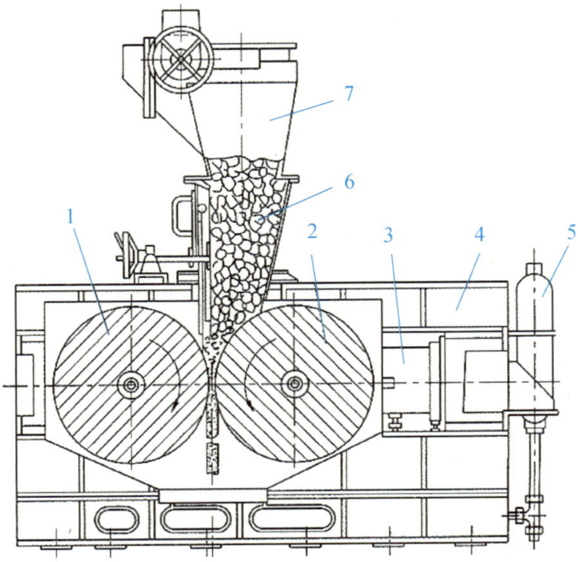

图 5-1-1　辊压机结构

辊压机结构

____

____

____

____

____

____

____

____

____

■ 引导问题 3：两个相向旋转的挤压辊是辊压机的核心部件，一个为__________，另一个为____________。在运转中，两个辊子必须保持____________。

■ 引导问题 4：根据耐磨材料的固定方式，一般挤压辊有两种基本结构，即____________和____________。水泥厂应用的是____________。

■ 引导问题 5：挤压辊辊面有____________和____________两种，水泥厂应用的是____________，其辊面形状有____________、____________和____________。

■ 引导问题6：喂料装置是满足辊压机满料操作的重要装置，它由弹性支承的______________和调整喂料量的______________组成。

■ 引导问题7：当辊压机的调节插板下插时，物料的通过空间______________（变大或变小），下料量______________（增加或减少）；当调节插板上提时，物料的通过空间______________（变大或变小），下料量______________（增加或减少）。

■ 引导问题8：什么是边缘效应？

____

____

____

____

■ 引导问题9：为了减小辊压机挤压物料时的边缘效应，在辊子的两侧安装了______________，其堵料效果与______________密切相关。

■ 引导问题10：如何改善侧挡板的堵料效果？

____

____

____

____

■ 引导问题11：液压系统的显著特点是采用两个大的及两个小的充氮蓄能器。它的主要功能是____________________和____________________。

■ 引导问题12：两大两小蓄能器的作用有何不同？

____

____

____

____

小提示

辊压机的液压系统

辊压机的液压系统除了提供挤压力之外，对于机械设备在受到过大的冲击时，还具有缓冲保护作用，防止辊压机主要零部件在事故状态下遭受过大的损伤。所以，液压系统的功能可归结为两个：向辊压机提供并保持挤压力，缓和物料对辊压机的冲击。

液压系统主要由油泵、蓄能器和液压缸、控制阀件等组成。蓄能器预先充压至小于正常操作压力，当系统压力达到一定数值时喂料，辊子后退，继续供压至操作设定数值时，油泵停止工作。正常工作情况下，油泵不工作。系统中如压力过大，液压油排至蓄能器，使压力降低，保护设备。如压力继续超过上限值，自动卸压。在操作中系统压力低于下限值，自动启泵增压。

液压系统的显著特点是采用两个大的及两个小的充氮蓄能器。小蓄能器承受活动辊因物料硬度不同而产生的压力变化；若磨辊间有异物，工作压力骤增至很大值时，则大的蓄能器工作，避免了频繁开启，也解决了单一蓄能器突然关闭时产生的巨大峰值压力的问题。

■ 引导问题 13：辊压机的工作原理是____________________。

■ 引导问题 14：辊压机挤压物料过程中，经历了哪三个阶段？发生了哪三种效应？

■ 引导问题 15：简述辊压机的优缺点。

小提示

辊压机的特点

根据辊压机在水泥工业的实际应用结果，总结如下主要特点：

（1）提高产量。在粉磨系统中安装辊压机，可以使粉磨设备的潜在能力得以充分发挥，增加产量达50%～100%，提高了整个系统的生产效率。

（2）降低电耗。用辊压机粉磨物料，可以使粉磨系统的总电耗显著降低。比传统粉磨方式节能25%～50%，每年节电效益相当可观。

（3）节省投资。同样生产能力的辊压机与管磨机相比，辊压机结构简单、体积小、质量轻，占用厂房空间小，可以节省土建投资，同时也便于对原有粉磨系统进行改造。此外，辊压机的操作、维修也非常简便。

（4）工作环境好。物料在挤压辊罩内，被连续稳定地挤压粉碎，有害粉尘不易扩散，同时由于近乎无冲击，故辊压机的噪声比管磨机小得多。

（5）降低钢铁消耗。粉磨水泥时，球磨机单产磨耗为300～1000g/t，采用辊压机的粉磨系统，单产磨耗为0.5g/t，所以它可以满足粉磨白水泥的要求。

（6）易于发展。传统管磨机受到加工、运输、热处理等条件的限制，管磨机大型化受到很大的制约，辊压机粉磨系统很好地解决了此类问题，使粉磨系统向大型化发展变成了现实。

由于辊压机辊子作用力大，因此辊压机存在辊面材料脱落及磨损、轴承容易损坏、减速器齿轮过早溃裂等设备问题。此外，对工艺操作过程要求严格。例如，要求喂料料柱密实、充满，并保持一定的喂料压力，回料量控制要恰当，粉磨工艺系统配置要合适，否则它的优越性就不能发挥。

■ 引导问题16：如何调整辊压机的调节插板、辊间隙与喂料量相适应？

____

____

____

____

____

■ 引导问题 17：挤压效果与辊压力的关系如何？

小提示

挤压效果与辊压力

压力是决定辊压效果的最基本参数。粉碎后细粉比例和平均辊压的关系见图 5-1-2，平均辊压超过某一值后，细粉含量趋于不变，而在其临近区间内增速是最快的。辊压增加，单位产能的电耗也增加，而且辊面磨损也加重。为此，辊压机设计时要寻找一个合宜的辊压值，当然该值与粉磨系统有关，亦即与出辊压机的成品质量有关。

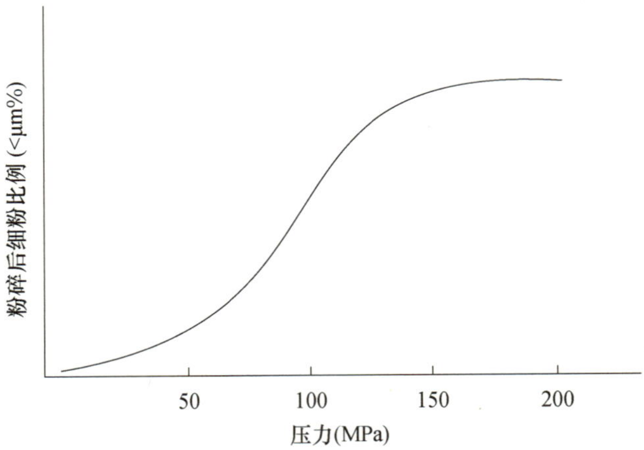

图 5-1-2　粉碎后细粉比例和压力关系

■ 引导问题 18：辊压机的转速快、产量高、质量好，对吗？

小提示

辊压机转速

辊压机的辊速有两种表示方法：一种是以辊子圆周线速度表示，另一种是以辊子转速表示。辊压机加压时间与料饼质量无关，故转速对质量没有影响。辊子的圆周线速度与产量、功率消耗和运行的平稳性有关。辊速高，产量也大，但过高的转速使得辊子与物料之间的相对滑动增大，咬合不良，使辊子表面磨损加剧，对辊压机的产量也产生不利影响；而且当辊子超过一定速度时，生产能力不再增加。

Polysius 公司对不同细度、不同水分的石灰石进行测试试验。从图 5-1-3 中可以看出：

① 对于细颗粒的石灰石，辊速超过 1.5m/s，生产能力不再增加，直线不再延伸。

② 对于粗颗粒的石灰石，有时辊速临界值可达 3m/s。

③ 物料水分改进了喂料行为。

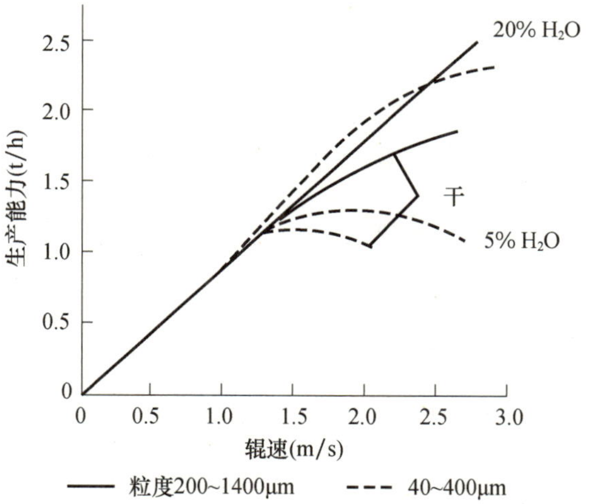

图 5-1-3 生产能力和辊速的关系

辊压机的实际速度过去一般为 1.0 ~ 1.2m/s，现在一般达 1.5 ~ 1.6m/s，有的还略高。也有人提出，为了保证合理的轴承使用寿命，辊速不允许超过 1.5m/s。

■ 引导问题 19：请简述辊压机与立式磨的异同。

■ 引导问题 20：简述辊压机安全操作注意事项。

辊压机

安全操作规程

评价反馈

准备阐述材料，完成学习任务汇报表（表 5-1-4）和学习任务评价表（表 5-1-5），各组代表报告结果，介绍任务的完成过程。

表 5-1-4　学习任务汇报表

<table>
<tr><td>班级</td><td></td><td>组号</td><td></td><td>指导教师</td><td></td></tr>
<tr><td>任务目标</td><td colspan="5"></td></tr>
<tr><td>分工情况</td><td colspan="5"><table>
<tr><td>姓名</td><td>任务分工</td><td>姓名</td><td>任务分工</td></tr>
<tr><td></td><td></td><td></td><td></td></tr>
<tr><td></td><td></td><td></td><td></td></tr>
<tr><td></td><td></td><td></td><td></td></tr>
</table></td></tr>
<tr><td>陈述讨论</td><td colspan="5"></td></tr>
</table>

续表

学习成果	
学习体会	

表 5-1-5　学习任务评价表

<table>
<tr><td colspan="2">班级：</td><td colspan="3">姓名：</td><td colspan="3">学号：</td></tr>
<tr><td>子任务 5-1</td><td colspan="7">CLF 辊压机的操作控制</td></tr>
<tr><td rowspan="2">评价项目</td><td rowspan="2">评价内容</td><td rowspan="2">分值</td><td colspan="3">评价</td><td rowspan="2">综合得分</td></tr>
<tr><td>自评</td><td>互评</td><td>师评</td></tr>
<tr><td rowspan="6">职业素养
30%</td><td>态度端正，无缺勤、迟到、早退现象</td><td>5</td><td></td><td></td><td></td><td></td></tr>
<tr><td>穿戴整洁，仪表大方</td><td>5</td><td></td><td></td><td></td><td></td></tr>
<tr><td>积极参加教学活动，能按时完成工作任务</td><td>5</td><td></td><td></td><td></td><td></td></tr>
<tr><td>团队合作、与人交流能力</td><td>5</td><td></td><td></td><td></td><td></td></tr>
<tr><td>低碳节能，优化操作</td><td>5</td><td></td><td></td><td></td><td></td></tr>
<tr><td>“珍惜生命，安全作业”意识</td><td>5</td><td></td><td></td><td></td><td></td></tr>
<tr><td rowspan="5">专业能力
70%</td><td>能说出辊压机的优缺点</td><td>10</td><td></td><td></td><td></td><td></td></tr>
<tr><td>能准确指出辊压机主要部位结构名称，并描述其功能</td><td>20</td><td></td><td></td><td></td><td></td></tr>
<tr><td>能正确叙述辊压机的工作原理</td><td>10</td><td></td><td></td><td></td><td></td></tr>
<tr><td>能正确叙述物料经过辊压机的三个阶段和三种效应</td><td>20</td><td></td><td></td><td></td><td></td></tr>
<tr><td>能说出辊压机安全操作注意事项</td><td>10</td><td></td><td></td><td></td><td></td></tr>
<tr><td colspan="2">合计</td><td>100</td><td></td><td></td><td></td><td></td></tr>
</table>

子任务 5-2 TVS 型选粉机和 XR 型选粉机操作控制

情境描述

V 型选粉机是针对辊压机挤压的饼状物料而研发的一种粗粉分离器，是一种集打散、分离于一体的静态选粉设备，具有投资低、能耗小、调节方便、维护简单、打散分选效果好等诸多特点。

卧式高效选粉机的核心转子与 O-Sepa 系列选粉机无本质区别，分级机理亦无本质差异，属于第三代选粉机范畴，其最大区别在于转子的布置形式，即立式转子与卧式转子。卧式高效选粉机具有单机功率低、压损低、制造成本低等特点，更适宜应用在生料辊压机终粉磨系统中，较立式转子选粉机电耗低约 0.2kW · h/t。

请熟悉掌握它们的操作控制。

思政目标

低碳节能，优化操作；

“珍惜生命，安全作业”警钟长鸣。

专业目标

能准确指出 TVS 型选粉机结构名称；

能准确指出 TVS 型选粉机四个功能区域，并能描述其功能；

能正确叙述 TVS 型选粉机工作过程；

会 TVS 型选粉机细度调控方法；

能区分卧式选粉机和立式选粉机；

能指出 XR 型选粉机存在的问题，且能提出改善措施。

任务书

秦皇岛某水泥厂 5000t/d 生产线配有辊压机生料粉磨系统，产能 400t/h，配套使用 TVS 型静态选粉机和 XR 型动态选粉机（参数见表 5-2-1 和表 5-2-2），运转稳定。所用原料为石灰石、砂页岩、粉煤灰、铁矿石。请监测该系统 TVS 型选粉机和 XR 型选粉机的操作控制。

表 5-2-1　TVS 型静态选粉机参数

规格型号	TVS-144. 24	风量	650000～700000m^3/h
阻力	1000～1200Pa	处理能力	1800～2000t/h
入料粒度	80% ≤45mm，max≤75mm	气体温度	100℃≤t≤300℃

表 5-2-2　XR 型动态选粉机参数

规格型号	XR4000C	风量	700000～800000m^3/h
阻力	1000～1500Pa	喂料量	900t/h
电机功率	200kW	成品能力	420～500t/h

任务单见表 5-2-3。

表 5-2-3　任务单

专业班组		班长		日期	
操作任务：TVS 型选粉机和 XR 型选粉机的操作控制					
检查意见：					
签章：					

任务分组

学生任务分配表见表 5-2-4。

表 5-2-4　学生任务分配表

<table>
<tr><td>班级</td><td></td><td>组号</td><td></td><td>指导教师</td><td></td></tr>
<tr><td>组长</td><td></td><td>学号</td><td colspan="3"></td></tr>
<tr><td rowspan="4">成员任务
分工情况</td><td>学号</td><td>姓名</td><td>分工</td><td>学号</td><td>姓名</td><td>分工</td></tr>
<tr><td></td><td></td><td></td><td></td><td></td><td></td></tr>
<tr><td></td><td></td><td></td><td></td><td></td><td></td></tr>
<tr><td></td><td></td><td></td><td></td><td></td><td></td></tr>
</table>

工作准备

（1）阅读工作任务书，借阅或上网查询有关的资料，获取 V 型选粉机和卧式高效选粉机的结构、工作原理等相关知识。

（2）结合水泥厂实际生产情况，收集 V 型选粉机和卧式高效选粉机的技术参数、安全操作规程等资料。

（3）结合任务书，熟练掌握 V 型选粉机和卧式高效选粉机的操作控制。

工作实施

（1）TVS 型选粉机

■ 引导问题 1：V 型选粉机的主要作用是________________、________________和________________。

■ 引导问题 2：V 型选粉机的四个区域分别为 A________________、B________________、C________________、D________________。

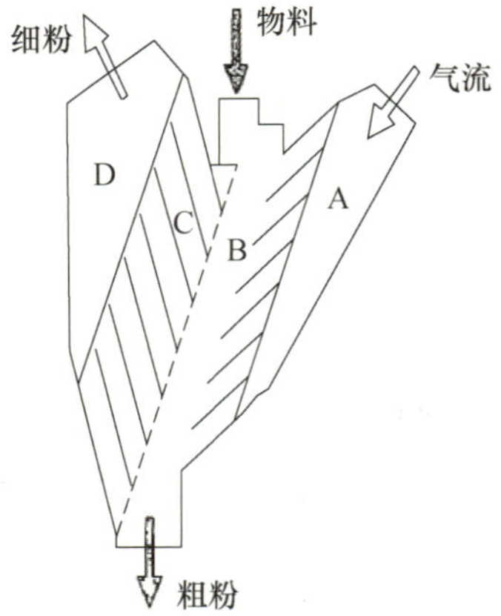

图 5-2-1　V 型选粉机

V 型选粉机

企业案例

V 型选粉机进料溜子的改造

V 型选粉机进料溜子的改造

常德某水泥有限责任公司生料制备系统为 CLF180/120-D-SD 辊压机+VX9620G 选粉机+XR3400 动态选粉机，于 2009 年投入使用。2017 年 10 月初，在生产过程中发现生料系统出现回粉料偏多，循环提升机电流高，稳流仓仓位高，动态选粉机转速高、电流低和循环风机电流高等问题，严重降低了台时产量，增加了能耗。经多次检查分析，发现主要原因有两个：①进入 V 型选粉机物料分布不均匀造成打散和选粉效果差；②V 型选粉机打散板或导流板磨损严重。针对上述原因，采取对 V 型选粉机进料溜子加装耐磨条、耐磨钢板等改造措施，以此提高 V 型选粉机选粉效果，达到稳定工况和提产降耗的目的。

■ 引导问题 3：V 型选粉机的 A 区通过设计合理的气流通道和安装____________________，使进入到分散区的气流分布均匀。

■ 引导问题 4：V 型选粉机的 B 区和 C 区都有导流板，它们的作用、要求一样吗？

____

____

■ 引导问题5：TVS 型选粉机如何控制调节半成品的细度？

■ 引导问题6：简述 TVS 型选粉机的操作要点。

小提示

TVS 型选粉机操作要点

① 选粉机喂料要注意在选粉区的宽度方向形成均匀料幕，避免料流集中在选粉区的中间区域内。从而导致选粉区两侧气流短路，影响选粉效率及半成品产量。

② 定期检查导流板的磨损情况，其磨损会导致打散及分选效果下降。

③ 选粉机内部应定期清理，防止粉尘堆积而影响通风。

④ 选粉机各接口必须保证有效锁风，严格防止漏风及串风。

（2）XR 型选粉机

■ 引导问题 7：什么是卧式高效选粉机？

小提示

卧式高效选粉机

自 20 世纪 70 年代末，日本小野田公司设计出基于平面涡流分级原理的 O-Sepa 系列选粉机以来，第三代分选技术在建材、非矿、化工、制药等领域得到广泛应用，并围绕“分散、分级、收集”，衍生出外形各异的类似分选设备，但无论外形存在多大变化，其核心转子与 O-Sepa 系列选粉机并无本质区别，分级机理没有突破。目前市场上的选粉机均属第三代选粉机范畴，其最大区别仍在于转子的布置形式，即立式转子与卧式转子。

XR 选粉机
安全操作规程

■ 引导问题 8：填写卧式高效选粉机与立式高效选粉机的区别。

选粉机类型	对比项目					
	选粉效率	细度控制	设备压损	单机功率	烘干能力	制造成本
卧式高效选粉机						
立式高效选粉机						

小提示

卧式高效选粉机（图5-2-2）与立式高效选粉机（图5-2-3）的区别

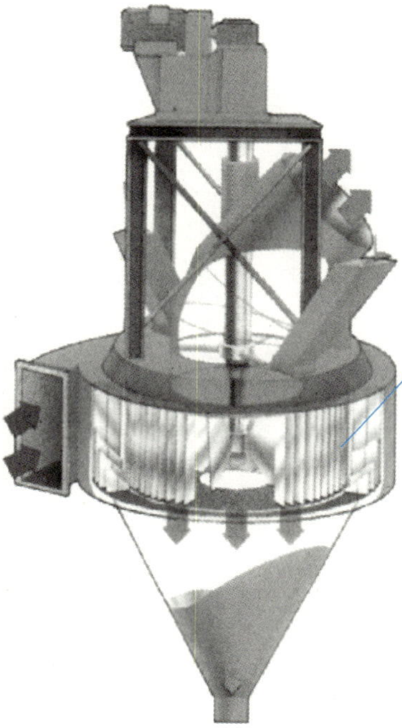

图5-2-2 O-Sepa选粉机

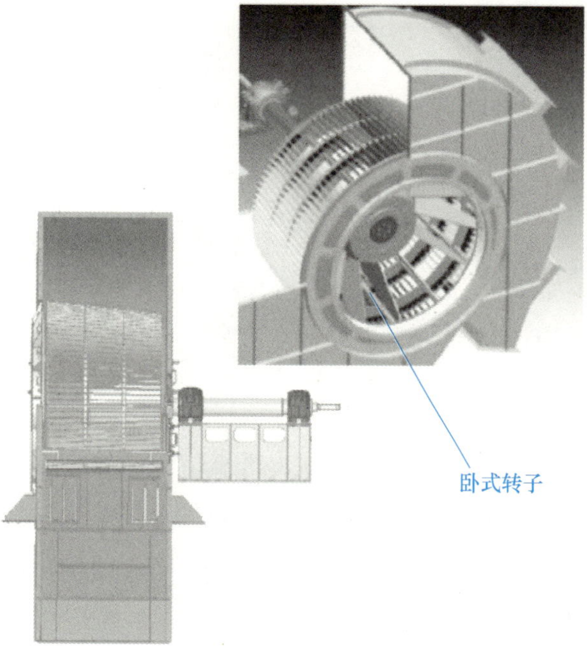

图5-2-3 VSK选粉机

基于此两类结构形式，根据气流走向、物料流走向、传动结构、转笼个数、物料预分散方式、物料循环与收集方式，以及工艺系统配置需求，衍生出多种外形的立式与卧式选粉机，对较有特点的类型统计见表5-2-5。

表5-2-5 立式、卧式选粉机类型

类型	制造商	结构形式	分选物料	主要特点
LVT型	LVT	立式	生料、水泥、燃煤等	异形转子叶片与导流叶片，流化床初选结构，分选区风速优化
SLV型	Chr. Pfeifer	立式	生料、水泥、燃煤等	中心喂料，下部出风，皮带传动
XP4型	Slegten	立式	生料、水泥、燃煤等	层叠式导流叶片，集成成品收集装置
LDC型	LM	立式	生料、水泥、燃煤等	消除涡流装置，导流叶片隔板
Sepol型	Krupp Polysius	立式	生料、水泥、燃煤等	下出风，壳体设水平隔板，流线型导流叶片

续表

类型	制造商	结构形式	分选物料	主要特点
Sepmaster 型	KHD	立式	生料、水泥、燃煤等	与 V 型选粉机集成化设计，模块化设计
TES 型	天津院	立式	水泥	O-Sepa 优化型
HES 型	合肥院	立式	水泥	O-Sepa 优化型
SLK 型	西金	立式	生料、水泥、燃煤等	与 LVT 类似
三分离型	吉达与吉能达	立式	水泥	旋风式和 O-Sepa 选粉机基础上作回路改造
HR 型	Krupp Polysius	卧式	生料	转笼短粗，V 型选粉机高度低，充气篦板
XR 型	利君	卧式	生料、水泥	与 VSK 类似
TVR 型	天津院	卧式	生料、水泥	与 VSK 类似
HVWF	合肥院	卧式	水泥	与 VSK 类似
ATP	Alpine	卧式	非金属矿	多转子，用于超细分级

因其结构与布置方式的不同，导致设备性能也存在较大差别。

（1）选粉效率。立式选粉机无论采取上喂料或下喂料，均能保证喂料点沿转子周向 90% 以上区域参与分选，由于结构限制，卧式选粉机为单侧进风，有 1/4 ~ 1/3 区域不参与分选，因此相同规格卧式选粉机选粉效率较立式选粉机低。

（2）细度控制。立式选粉机四周进风，再经导流叶片均布，整个转子圆周径向风速基本一致，在转子切向转速一定时，分选成品粒径均齐，不易跑粗。因结构限制，卧式选粉机转子底部径向风速较高（最高点 12 ~ 14m/s），转子顶部和粗粉出口侧径向风速偏低（最低<2m/s），在转速一定时，分选成品粒径范围变宽，容易跑粗。

（3）设备压损。立式选粉机分选气流从选粉机入口到出口会经历多次转向，若为下进风进料形式，分选物料也会经历多次转向，因此局部阻力损失偏高。卧式选粉机内部结构简单，无预分散装置和均布导流叶片，因此局部阻力损失较低。

（4）单机功率。单机配用功率与分选物料浓度、选粉机转子叶片面积等存在正比关系，因立式选粉机分选区域和单位面积叶片承载物料浓度较卧式选粉机大，因此配用功率和实际运转功率均较卧式选粉机高。

（5）烘干能力。物料在立式选粉机内部停留时间长、实际烘干容积也较卧式选粉机大，因此其烘干能力强于卧式选粉机。

（6）制造成本。立式选粉机整机结构相对复杂，设备重量比卧式选粉机重，制造成本较高。

■ 引导问题9：目前辊压机终粉磨系统中应用比较广泛的是（　　）。

A. 卧式高效选粉机　　B. 立式高效选粉机

■ 引导问题10：在辊压机终粉磨系统应用过程中，XR型选粉机主要存在哪些问题？可以采取哪些措施加以调控改善？

企业案例

XR型选粉机进风口改进

江苏某水泥公司1号生产线两台MLS3626内循环立式磨系统中的一套改为180-120生料辊压机终粉磨系统。工艺布置中，XR型选粉机与V型选粉机的相对位置关系布置不理想，导致V型选粉机出口与XR型选粉机进口有一定偏离，使得进口风管形成弯头，可能造成XR型选粉机内分选气流不均匀现象加剧，降低分选效率。为降低不均匀现象造成的影响，可在XR型选粉机进口处增设布风格栅板，以均布入口的气流，使得部分风能够引导至转子的上侧，起到一定的均风效果。

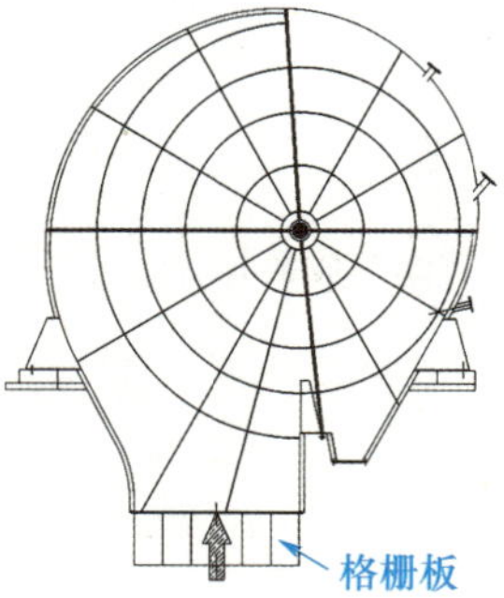

图5-2-4　XR型选粉机

评价反馈

准备阐述材料，完成学习任务汇报表（表 5-2-5）和学习任务评价表（表 5-2-6），各组代表报告结果，介绍任务的完成过程。

表 5-2-5　学习任务汇报表

<table>
<tr><td>班级</td><td></td><td>组号</td><td></td><td>指导教师</td><td></td></tr>
<tr><td>任务目标</td><td colspan="5"></td></tr>
<tr><td>分工情况</td><td colspan="5"><table><tr><td>姓名</td><td>任务分工</td><td>姓名</td><td>任务分工</td></tr><tr><td></td><td></td><td></td><td></td></tr><tr><td></td><td></td><td></td><td></td></tr><tr><td></td><td></td><td></td><td></td></tr></table></td></tr>
<tr><td>陈述讨论</td><td colspan="5"></td></tr>
<tr><td>学习成果</td><td colspan="5"></td></tr>
<tr><td>学习体会</td><td colspan="5"></td></tr>
</table>

表 5-2-6　学习任务评价表

班级：	姓名：		学号：			
子任务 5-2	TVS 选粉机和 XR 选粉机操作控制					
评价项目	评价内容	分值	评价			综合得分
			自评	互评	师评	
职业素养 30%	态度端正，无缺勤、迟到、早退现象	5				
	穿戴整洁，仪表大方	5				
	积极参加教学活动，能按时完成工作任务	5				
	团队合作、与人交流能力	5				
	低碳节能，优化操作	5				
	“珍惜生命，安全作业”警钟长鸣	5				
专业能力 70%	能准确指出 TVS 型选粉机结构名称	10				
	能准确指出 TVS 型选粉机四个功能区域，并能描述其功能	10				
	能正确叙述 TVS 型选粉机工作过程	15				
	会 TVS 型选粉机细度调控方法	10				
	能区分卧式选粉机和立式选粉机	10				
	能指出 XR 型选粉机存在的问题，且能提出改善措施	15				
合计		100				

子任务5-3 辊压机终粉磨系统日常调控

情境描述

请监测生料辊压机终粉磨系统的日常调节控制。

思政目标

低碳节能，优化操作；

“珍惜生命，安全作业”警钟长鸣。

专业目标

能叙述辊压机终粉磨系统工艺流程；

能指出辊压机终粉磨系统操作控制要点；

能指出辊压机终粉磨系统中控重点控制参数，并区分调节参数和控制参数；

能正确说出辊压机终粉磨系统安全操作注意事项。

任务书

秦皇岛某水泥厂给5000t/d新型干法水泥生产线配套生料辊压机终粉磨系统，台时产量平均达到430t/h以上，综合电耗约为10.7kW·h/t生料，具体配置见表5-3-1和图5-3-1。所用原料为石灰石、砂页岩、粉煤灰、铁矿石。请监测该系统的日常调节控制。

表 5-3-1　5000t/d 生产线生料辊压机终粉磨系统配置

配置	参数
辊压机	CLFϕ2000mm×1600mm，2×1800kW
选粉机	XR4000C，110kW
	TVS-144.24
循环提升机	1400t/h，220kW
旋风筒	4-ϕ4800mm
循环风机	85 万 m^3/h，7000Pa，2000kW
稳流仓	ϕ4000mm
设计系统能力	400t/h

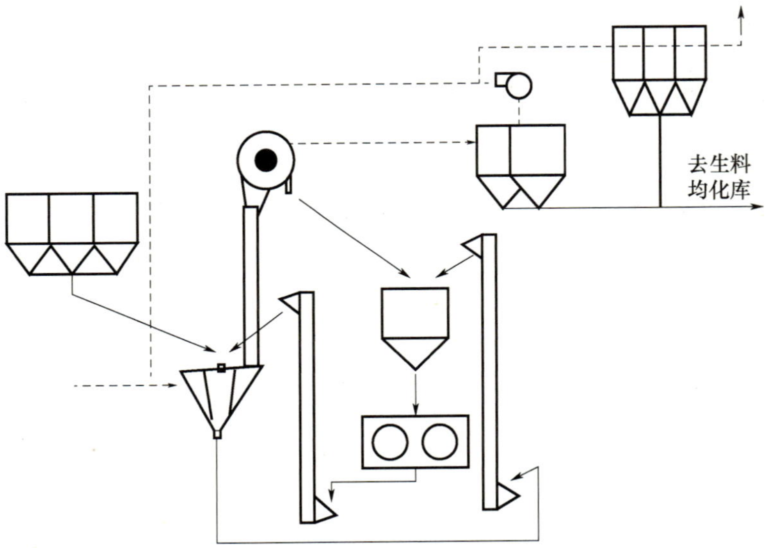

图 5-3-1　辊压机终粉磨系统流程图

任务单见表 5-3-2。

表 5-3-2　任务单

专业班组		班长		日期	
操作任务：辊压机终粉磨系统日常调控					
检查意见：					

续表

签章：

任务分组

学生任务分配见表5-3-3。

表5-3-3 学生任务分配表

<table>
<tr><td>班级</td><td></td><td>组号</td><td></td><td>指导教师</td><td></td></tr>
<tr><td>组长</td><td></td><td>学号</td><td colspan="3"></td></tr>
<tr><td>成员任务
分工情况</td><td colspan="5">
<table>
<tr><td>学号</td><td>姓名</td><td>分工</td><td>学号</td><td>姓名</td><td>分工</td></tr>
<tr><td></td><td></td><td></td><td></td><td></td><td></td></tr>
<tr><td></td><td></td><td></td><td></td><td></td><td></td></tr>
<tr><td></td><td></td><td></td><td></td><td></td><td></td></tr>
</table>
</td></tr>
</table>

工作准备

（1）阅读工作任务书，借阅或上网查询有关的资料，获取辊压机终粉磨系统工艺流程、操作控制要点等相关知识。

（2）结合水泥厂实际生产情况，收集辊压机终粉磨系统操作控制要点、安全操作规程等资料。

（3）结合任务书，熟练掌握辊压机终粉磨系统日常调节控制。

工作实施

(1) 辊压机终粉磨系统工艺流程

■ 引导问题1：简述图5-3-2所示工艺流程。

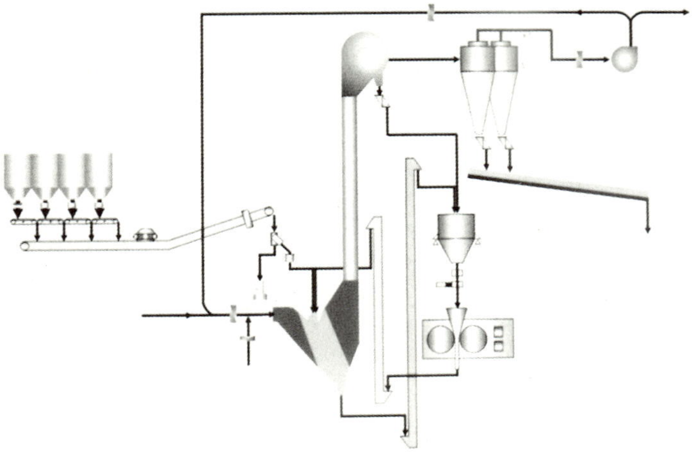

图 5-3-2　辊压机终粉磨系统工艺流程

辊压机终粉磨工艺流程

____

____

____

____

____

____

____

■ 引导问题2：若将生料磨辊压机+球磨机的中卸磨系统（图5-3-3）改造成辊压机终粉磨系统，该如何调整？说说你的看法。

____

____

____

____

____

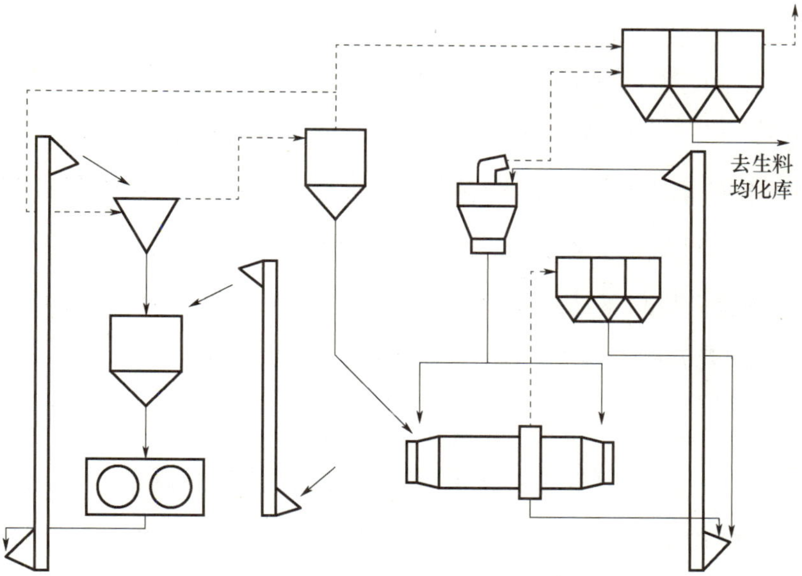

图 5-3-3　中卸磨系统

企业案例

生料制备由联合粉磨改为辊压机终粉磨

A 水泥有限责任公司两条 5000t/d 生产线，生料制备各配备 1 台 ϕ1600mm×1400mm 辊压机和 1 台 ϕ4.6m×（10+3.5）m 中卸烘干磨组成联合粉磨系统，设计产量为 360t/h，分步电耗为 23.98kW・h/t，维修费及生料粉磨电耗始终居高不下。为此，于 2013 年 11 月进行辊压机系统终粉磨改造。当月生料分步电耗降至 23.25kW・h/t，节能效果明显。同时，公司决定新建一套辊压机终粉磨系统，实现两条生产线的生料全部由 3 台辊压机终粉磨制备提供。2015 年 10 月项目建成，生料分步电耗经测算可降低至 18.50kW・h/t，电耗可降低 5.48kW・h/t；按照年产熟料 250 万 t 计算，生料 380 万 t，节省电量 2082 万 kW・h，电价 0.40 元/kW・h，年可节约电费 833 万元。

生料制备由中卸磨改为辊压机终粉磨

B 水泥公司为 2500t/d 熟料水泥生产线，原有生料粉磨系统采用ϕ 4.6m×（9.5+3.5）m 中卸磨系统，生料工序平均电耗为 23.87kW·h/t（2015 年度平均和 2016 年的季度平均，不含窑尾排风机电耗）。物料易磨性指数较高，较为难磨。后委托 C 公司对原料粉磨系统进行了辊压机终粉磨系统改造。改造后，经过一段时间的运行和调整，投料量达到 280t/h（干基约 267t/h），80μm 筛余 15%～18%，其单位生料电耗为 12.7～13.7kW·h/t（不含窑尾排风机电耗）。

生料制备由立式磨系统改为辊压机终粉磨

X 水泥公司现有 A、B、C 共 3 条 5000t/d 生产线，A、B 生产线的原料磨系统原各采用两台国产立式磨系统，而 C 线采用原料辊压机终粉磨系统。由于 A、B 线原料粉磨系统复杂和设备可靠性问题，漏风严重，电耗高，产量偏低，生料单位电耗较高（达 22～23kW·h/t，含窑尾排风机电耗）。故业主委托 Y 公司对现有 A 线原料粉磨系统进行了辊压机终粉磨系统改造。改造要求系统产量达到 550t/h 以上，电耗降低到 16kW·h/t 以下，以 A、C 原料制备系统能力，基本满足 3 条线的生料需求。改造运行调整后，投料量达到了 600t/h（干基产量约 579t/h），单位生料电耗为 13.7～15kW·h/t。改造后，节电效果十分显著，单位电耗可节省 7～8kW·h/t。

（2）辊压机终粉磨系统操作控制要点

■ 引导问题 3：稀油站操作要点。

辊压机终粉磨系统操作控制要点

■ 引导问题 4：辊压机操作要点。

■ 引导问题5：稳流仓操作要点。

企业案例

稳流仓进料溜子布置改进

江苏某水泥公司1#生产线两台MLS3626内循环立磨系统中的一套改为180-120生料辊压机终粉磨系统。生料辊压机稳流仓进料溜子布置情况，其中XR动态选粉机的下料溜子插在循环料溜子上，由于安装等原因，使得细粉溜子与仓的中心线出现偏离，而循环料溜子为倾斜溜子，物料沿着溜子底边向下，运行时导致稳流仓中物料离析，左侧物料细，右侧物料粗，辊压机两侧辊缝偏差较大，且运行时振动较大。根据生产运行的情况，对进稳流仓的物料溜子进行优化。动态选粉机物料溜子安装在稳流仓正上方，在循环料直段溜子上增加一导料板，使粗细物料能均匀混合并下至稳流仓的中心，减少稳流仓中的物料离析现象。

稳流仓进料溜子布置改进

■ 引导问题 6：XR 选粉机操作要点。

■ 引导问题 7：TVS 选粉机操作要点。

企业案例

辊压机台时产量大幅下降

河北某水泥有限公司有 2 条 2500t/d 熟料生产线，原生料磨为 2 台 ϕ4.6m×（10+3.5）m 中卸磨改为生产能力 270t/h 的 ϕ1800mm×1400mm 辊压机终粉磨系统。2019 年 4 月，辊压机稳定运行一段时间后，选粉机电流突然由 209A 下降到 190A，辊压机台时产量也下降 30t/h，且入辊压机稳流仓的斗式提升机电流增大且波动也大。经停磨检查发现，入 V 型选粉机溜子偏左侧有 1/5 被石块堵塞，清理石块开磨后，辊压机台时产量恢复到原来的水平。由此发现，物料在入 V 型选粉机溜子内被均化打散处理，会对整个磨机系统的稳定运行与提高台效起着相当大的作用。

■ 引导问题 8：辊压机终粉磨系统正常运行主要控制哪几方面？

(3) 中控室监控

5000t/d 新型干法水泥生产线 DCS 仿真系统由博努力（北京）仿真技术有限公司设计开发。操作界面高度还原厂家监控画面（图 5-3-4），运行参数进行全过程动态仿真。

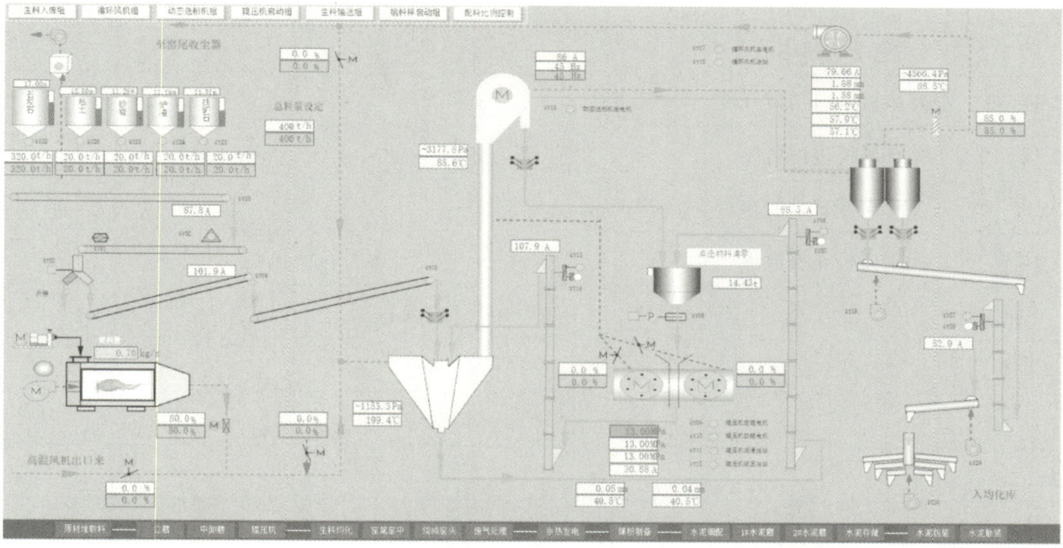

图 5-3-4　操作界面

■ 引导问题 9：简述工艺流程。

■ 引导问题 10：填写主要参数控制范围。

序号	部位	控制范围	备注
1	喂料量		
2	辊压机辊压力		
3	辊压机电流		
4	稳流仓料位		
5	V 型选粉机进口温度		
6	V 型选粉机进口风压		
7	V 型选粉机出口温度		
8	V 型选粉机出口风压		
9	动态选粉机转速		
10	动态选粉机电流		
11	循环风机入口挡板开度		
12	循环风机进口负压		
13	入 V 型选粉机斗提电流		
14	入辊压机斗提电流		

■ 引导问题 11：中控室重点监控参数有哪些？

____

____

____

____

辊压机终粉磨系统操作规程

■ 引导问题 12：哪些参数是控制参数？

____

____

____

■ 引导问题13：哪些参数是调节参数？

企业案例

生料辊压机终粉磨系统中控操作优化及分析

某集团银川一分厂原为湿磨干烧2000t/d生产线，于2009年将生料制备系统改造成辊压机生料终粉磨系统。但是改造后产量一直低于设计指标。因此，2012年9月，由天津某水泥工业设计研究院对该生料制备系统的运行情况进行了调试。通过优化调整辊压、风量、稳流仓料位以及其他参数，辊压机产量从170t/h提高到200t/h，80μm筛余12%～13%，生料水分稳定在<0.5%，辊压机主电动机运行电流85～90A，辊缝34mm左右，工作压力7.4MPa，生料电耗进一步降低，辊压机主机电耗7.6kWh/t，系统电耗15.7kWh/t。

生料辊压机终粉磨系统中控操作优化及分析

■ 引导问题14：辊压机终粉磨系统安全操作注意事项。

辊压机终粉磨系统安全操作规程

企业案例

操作中出现的问题及优化管理

河北某水泥有限公司有 2 条 2500t/d 熟料生产线，原生料磨为 2 台 ϕ4.6m×（10+3.5）m 中卸磨，改为生产能力 270t/h 的 ϕ1800mm×1400mm 辊压机终粉磨系统。运行过程中，出现了诸多问题，对此进行优化调整。

（1）生产中发现几个班组台时产量存在较大差异、操作控制参数不统一的现象，加减料幅度较大，造成生料质量不稳定。针对该情况，车间加强了对班组产质量的考核力度，要求做到：开磨时稳流仓内细料尽快排空，操作时统一石灰石仓仓位，辊压机稳流仓低仓位运行，保证生料系统稳定运行，产质量也随之提高。

（2）在遇到台时产量突然大幅下降时，根据参数变化分析出问题原因并检查处理再开磨运行，减少低效运行。

（3）每两周深入 V 型选粉机内部，对导流板进行检查，及时加固或拆除损坏的导流板，使其不影响系统。

（4）每次停磨对 V 型选粉机、出入料溜子、称重仓进行检查，及时清除杂物，保证系统运行畅通。

（5）辊压机停机时，将 V 型选粉机 3 个冷风阀、动态选粉机冷风阀、入磨冷风阀进行密封装置检查，减少整个系统漏风，降低电耗。

优化后辊压机终粉磨系统实现稳定高效运行。

评价反馈

准备阐述材料，完成学习任务汇报表（表 5-3-4）和任务评价表（表 5-3-5），各组代表报告结果，介绍任务的完成过程。

表 5-3-4　学习任务汇报表

班级		组号		指导教师	
任务目标					
分工情况					
陈述讨论					
学习成果					
学习体会					

分工情况：

姓名	任务分工	姓名	任务分工

表 5-3-5 学习任务评价表

班级：		姓名：		学号：		
子任务 5-3	辊压机终粉磨系统日常调控					
评价项目	评价内容	分值	评价			综合得分
			自评	互评	师评	
职业素养 30%	态度端正，无缺勤、迟到、早退现象	5				
	穿戴整洁，仪表大方	5				
	积极参加教学活动，能按时完成工作任务	5				
	团队合作、与人交流能力	5				
	低碳节能，优化操作	5				
	安全作业意识	5				
专业能力 70%	能叙述辊压机终粉磨系统工艺流程	10				
	能指出辊压机终粉磨系统操作控制要点	20				
	能指出辊压机终粉磨系统中控重点控制参数	15				
	能区分调节参数和控制参数	15				
	能正确说出辊压机终粉磨系统安全操作注意事项	10				
合计		100				

子任务5-4 辊压机终粉磨系统开停车操作

情境描述

5000t/d 新型干法水泥生产线 DCS 仿真系统由博努力（北京）仿真技术有限公司研发，仿真范围为全厂生产工艺。操作界面高度还原厂家监控画面，运行参数进行全过程动态仿真。仿真机软件可模拟实际生产完成冷态开车和停车操作。

专业目标

能正确完成开车前的准备工作；

能说出开车顺序；

能完成模拟软件冷态开车，并将参数调整至正常范围；

能说出稳定工况下的主要参数；

能完成模拟软件停车操作，并保持系统的正常运行状态。

任务书

请完成 5000t/d 规模新型干法模拟生产线生料辊压机终粉磨系统冷态启动，利用热风炉作为烘干热源（仅限模拟仿真软件中），产量最终达到 350～400t/h。

请完成 5000t/d 规模新型干法模拟生产线生料辊压机终粉磨系统停车操作，利用热风炉作为烘干热源（仅限模拟仿真软件中），在此过程中，保持系统的正常运行状态。

任务单见表 5-4-1。

表 5-4-1　任务单

专业班组		班长		日期	
操作任务：辊压机终粉磨系统开停车操作					
检查意见：					
签章：					

任务分组

学生任务分配表见表 5-4-2。

表 5-4-2　学生任务分配表

<table>
<tr><td>班级</td><td></td><td>组号</td><td></td><td>指导教师</td><td></td></tr>
<tr><td>组长</td><td></td><td>学号</td><td colspan="3"></td></tr>
<tr><td>组员</td><td colspan="5"><table><tr><td>姓名</td><td>学号</td><td>姓名</td><td>学号</td></tr><tr><td></td><td></td><td></td><td></td></tr><tr><td></td><td></td><td></td><td></td></tr><tr><td></td><td></td><td></td><td></td></tr></table></td></tr>
<tr><td>任务分工</td><td colspan="5"></td></tr>
</table>

工作准备

（1）阅读工作任务书，借阅或上网查询有关的资料，获取开车前的准备工作、开车操作要点等相关知识。

（2）收集生料辊压机终粉磨系统开车顺序、参数调控等资料。

（3）结合任务书完成生料辊压机终粉磨系统冷态开车，并使参数控制在正常范围内。

（4）结合任务书完成生料辊压机终粉磨系统停车操作，并保持系统的正常运行状态。

工作实施

■ 引导问题1：辊压机终粉磨系统开车前需要做哪些准备工作？

某水泥企业生料辊压机终粉磨系统开车前的准备

■ 引导问题2：辊压机终粉磨系统正常的开车顺序是____________。

■ 引导问题3：利用仿真软件进行模拟操作，使用备用热风炉时，辊压机终粉磨系统冷态启动开车顺序是什么？

某水泥企业
生料辊压机终粉磨
系统开车操作

■ 引导问题4：辊压机终粉磨系统正常运行控制。

■ 引导问题5：写出稳定工况下界面（图5-4-1）主要参数。

小提示

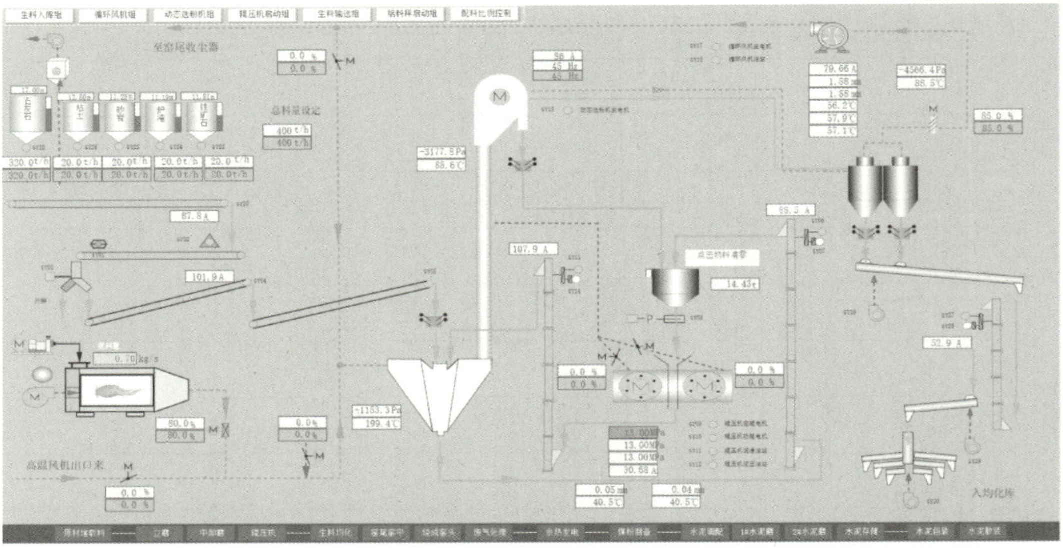

图 5-4-1　稳定工况下界面

■ 引导问题 6：辊压机终粉磨系统正常的停车顺序是＿＿＿＿＿＿＿＿＿＿。

■ 引导问题 7：利用仿真软件进行模拟操作，使用备用热风炉时，辊压机终粉磨系统停车顺序是什么？

某水泥企业生料辊压机终粉磨系统停车操作

评价反馈

准备阐述材料，完成学习任务汇报表（表5-4-3）和任务评价表（表5-4-4），各组代表报告结果，介绍任务的完成过程。

表5-4-3 学习任务汇报表

<table>
<tr><td>班级</td><td></td><td>组号</td><td></td><td>指导教师</td><td></td></tr>
<tr><td>任务目标</td><td colspan="5"></td></tr>
<tr><td>分工情况</td><td colspan="5"><table><tr><td>姓名</td><td>任务分工</td><td>姓名</td><td>任务分工</td></tr><tr><td></td><td></td><td></td><td></td></tr><tr><td></td><td></td><td></td><td></td></tr><tr><td></td><td></td><td></td><td></td></tr></table></td></tr>
<tr><td>陈述讨论</td><td colspan="5"></td></tr>
</table>

续表

学习成果	
学习体会	

表 5-4-4 学习任务评价表

班级：		姓名：		学号：		
子任务 5-4	辊压机终粉磨系统开停车操作					
评价项目	评价内容	分值	评价			综合得分
			自评	互评	师评	
职业素养 30%	态度端正，无缺勤、迟到、早退现象	6				
	穿戴整洁，仪表大方	6				
	积极参加教学活动，能按时完成工作任务	6				
	团队合作、与人交流能力	6				
	安全意识、环保意识、创新意识、责任意识、服从意识	6				
专业能力 70%	能正确完成开车前的准备工作	5				
	能说出开停车顺序	20				
	能完成模拟软件冷态开车，并将参数调整至正常范围	30				
	能说出稳定工况下主要参数	15				
合计		100				

子任务5-5 辊压机终粉磨系统常见故障处理

情境描述

请根据生料辊压机终粉磨系统参数变化，及时判断并处理常见故障。

思政目标

“珍惜生命，安全作业”警钟长鸣。

专业目标

能对生料辊压机终粉磨系统常见故障进行原因分析和正确处理。

任务书

秦皇岛某水泥厂给5000t/d新型干法水泥生产线配套生料辊压机终粉磨系统，台时产量平均达到430t/h，综合电耗约为10.7kW·h/t生料，其具体配置见表5-5-1。所用原料为石灰石、砂页岩、粉煤灰、铁矿石。请对该系统常见故障进行分析处理。

表5-5-1 5000t/d生产线生料辊压机终粉磨系统配置

配置	参数
辊压机	CLFϕ2000mm×1600mm，2×1800kW
选粉机	XR4000C，110kW
	TVS-144.24
循环提升机	1400t/h，220kW
旋风筒	4-ϕ4800mm

续表

配置	参数
循环风机	85 万 m^3/h，7000Pa，2000kW
稳流仓	ϕ4000mm
设计系统能力	400t/h

任务单见表 5-5-2。

表 5-5-2　任务单

专业班组		班长		日期	
操作任务：辊压机终粉磨系统常见故障处理					
检查意见：					
签章：					

任务分组

学生任务分配表见表 5-5-3。

表 5-5-3　学生任务分配表

<table>
<tr><td>班级</td><td></td><td>组号</td><td></td><td>指导教师</td><td></td></tr>
<tr><td>组长</td><td></td><td>学号</td><td colspan="3"></td></tr>
<tr><td>成员任务
分工情况</td><td colspan="5">
<table>
<tr><td>学号</td><td>姓名</td><td>分工</td><td>学号</td><td>姓名</td><td>分工</td></tr>
<tr><td></td><td></td><td></td><td></td><td></td><td></td></tr>
<tr><td></td><td></td><td></td><td></td><td></td><td></td></tr>
<tr><td></td><td></td><td></td><td></td><td></td><td></td></tr>
</table>
</td></tr>
</table>

工作准备

（1）阅读工作任务书，借阅或上网查询有关的资料，获取生料辊压机终粉磨系统常见故障分析处理等相关知识。

（2）收集水泥企业生料辊压机终粉磨系统常见故障分析处理等资料。

（3）结合任务书完成生料辊压机终粉磨系统常见故障分析处理。

工作实施

■ 引导问题1：该系统运行一段时间后，辊压机两端辊缝偏差较大。请分析可能的原因，并提出相应的处理措施。

原因分析：______________________________

____

____

____

辊压机两端辊缝偏差大故障分析

解决措施：______________________________

____

____

____

企业案例

辊缝偏差大案例分析

重庆某水泥公司生料辊压机终粉磨系统由RP180-140辊压机、VRP1200V型选粉机和SLR6500动态选粉机组成。运行过程中辊压机驱动侧和非驱动侧辊缝经常相差8～10mm，并且电流波动较大，且辊压机两驱动电动机电流相差亦较多。如要增加产量，加大斜插板开度，则会出现两电动机电流升高，甚至会超过额定电

辊缝偏差大案例分析

流，此时就必须减小斜插板开度，以防止辊压机跳停，影响生产。这就造成斜插板开度一直维持在65% ~68%，极大影响辊压机做功以及系统产量的提高。经现场人员询问过后得知，非驱动侧换过一次位移传感器，导致控制柜示数发生错误，并且未修正。修正辊缝后，开机生产系统运行较平稳，辊缝相差2 ~3mm，有较大改观。

■ 引导问题2：该系统出现辊压机侧挡板漏料现象。请分析可能的原因，并提出相应的处理措施。

辊压机侧挡板漏料故障分析

原因分析：

解决措施：

■ 引导问题3：该系统出现辊面损坏现象。请分析可能的原因，并提出相应的处理措施。

原因分析：

解决措施：

■ 引导问题4：该系统运行一段时间后，辊压机出现剧烈振动，甚至跳停。请分析可能的原因，并提出相应的处理措施。

原因分析：

解决措施：

■ 引导问题5：该系统产品细度偏粗。请分析可能的原因，并提出相应的处理措施。

原因分析：

处理措施：

■ 引导问题6：该系统产品细度偏细。请分析可能的原因，并提出相应的处理措施。

原因分析：

处理措施：

企业案例

辊压机终粉磨系统生料细度不合格案例分析

某水泥股份有限公司分公司2500t/d预分解窑水泥熟料生产线生料粉磨系统原配置MLS3626立式磨，设计生产能力190t/h；石灰质原料采用大理岩，结晶粗大，易烧性差。自2009年5月投运以来，生料电耗一直高达23.49kW·h/t。为了降低生料粉磨电耗，2015年利用闲置的CLF180-100辊压机淘汰MLS3626立式磨，建成辊压机生料终粉磨系统。投产后，生料台产有所提高，电耗下降7.45kW·h/t，但生料细度R_{200}方孔筛筛余一直比较高，基本在2.5%~2.8%，有时达到3.2%。通过对V型选粉机进口下料管道的改造和精细选粉机出风端转子与外壳体之间密封的改进，在调试过程中，公司技术人员针对生料细度（200μm方孔筛余）高的问题实施了技术改造，效果明显。

■ 引导问题7：若该系统入VX选粉机气体温度过高，请指出中控室参数变化情况，分析可能的原因，并提出相应的处理措施。

辊压机终粉磨系统生料细度不合格案例分析

故障现象：

原因分析：

处理措施：

■ 引导问题8：若该系统VX选粉机出口温度过低，请指出中控室参数变化情况，分析可能的原因，并提出相应的处理措施。

故障现象：

原因分析：

处理措施：

■ 引导问题9：若该系统产品水分含量偏高，请指出中控室参数变化情况，分析可能的原因，并提出相应的处理措施。

故障现象：

原因分析：

处理措施：

■ 引导问题10：若该系统磨尾排风机入口负压过高，请指出中控室参数变化情况，分析可能的原因，并提出相应的处理措施。

故障现象：

原因分析：

处理措施：

■ 引导问题 11：若该系统磨尾收尘器入口负压过高，请指出中控室参数变化情况，分析可能的原因，并提出相应的处理措施。

故障现象：________________

____

____

原因分析：________________

____

____

处理措施：________________

____

____

评价反馈

准备阐述材料，完成学习任务汇报表（表 5-5-4）和任务评价表（表 5-5-5），各组代表报告辊压机终粉磨系统故障处理情况，介绍任务的完成过程。

表 5-5-4　学习任务汇报表

<table>
<tr><td>班级</td><td></td><td>组号</td><td></td><td>指导教师</td><td></td></tr>
<tr><td>任务目标</td><td colspan="5"></td></tr>
<tr><td>分工情况</td><td colspan="5"><table><tr><td>姓名</td><td>任务分工</td><td>姓名</td><td>任务分工</td></tr><tr><td></td><td></td><td></td><td></td></tr><tr><td></td><td></td><td></td><td></td></tr><tr><td></td><td></td><td></td><td></td></tr></table></td></tr>
<tr><td>陈述讨论</td><td colspan="5"></td></tr>
</table>

续表

学习成果	
学习体会	

表5-5-5　学习任务评价表

<table>
<tr><td colspan="2">班级：</td><td colspan="3">姓名：</td><td colspan="3">学号：</td></tr>
<tr><td>子任务5-5</td><td colspan="7">辊压机终粉磨系统常见故障处理</td></tr>
<tr><td rowspan="2">评价项目</td><td rowspan="2">评价内容</td><td rowspan="2">分值</td><td colspan="3">评价</td><td rowspan="2">综合得分</td></tr>
<tr><td>自评</td><td>互评</td><td>师评</td></tr>
<tr><td rowspan="5">职业素养
30%</td><td>态度端正，无缺勤、迟到、早退现象</td><td>6</td><td></td><td></td><td></td><td></td></tr>
<tr><td>穿戴整洁，仪表大方</td><td>6</td><td></td><td></td><td></td><td></td></tr>
<tr><td>积极参加教学活动，能按时完成工作任务</td><td>6</td><td></td><td></td><td></td><td></td></tr>
<tr><td>团队合作、与人交流能力</td><td>6</td><td></td><td></td><td></td><td></td></tr>
<tr><td>安全意识</td><td>6</td><td></td><td></td><td></td><td></td></tr>
<tr><td rowspan="2">专业能力
70%</td><td>会对辊压机终粉磨系统常见故障进行原因分析</td><td>40</td><td></td><td></td><td></td><td></td></tr>
<tr><td>会对辊压机终粉磨系统常见故障进行及时正确处理</td><td>30</td><td></td><td></td><td></td><td></td></tr>
<tr><td colspan="2">合计</td><td>100</td><td></td><td></td><td></td><td></td></tr>
</table>

拓展

5000t/d 新型干法水泥生产线 DCS 仿真系统由博努力（北京）仿真技术有限公司研发，仿真范围为全厂生产工艺。操作界面高度还原厂家监控画面，运行参数进行全过程动态仿真。仿真机软件可实时地反映机组设备故障、装置损坏和自动控制功能失灵等异常和事故工况，能仿真程度不同和渐变的故障，故障的仿真结果要求能正确反映真实故障过程。

该生料辊压机终粉磨系统利用热风炉作为烘干热源（仅限模拟软件中），产量最终可达到 350～400t/h。

■ 引导问题 12：根据中控界面参数变化（图 5-5-1），判断系统故障，并做出相应处理。

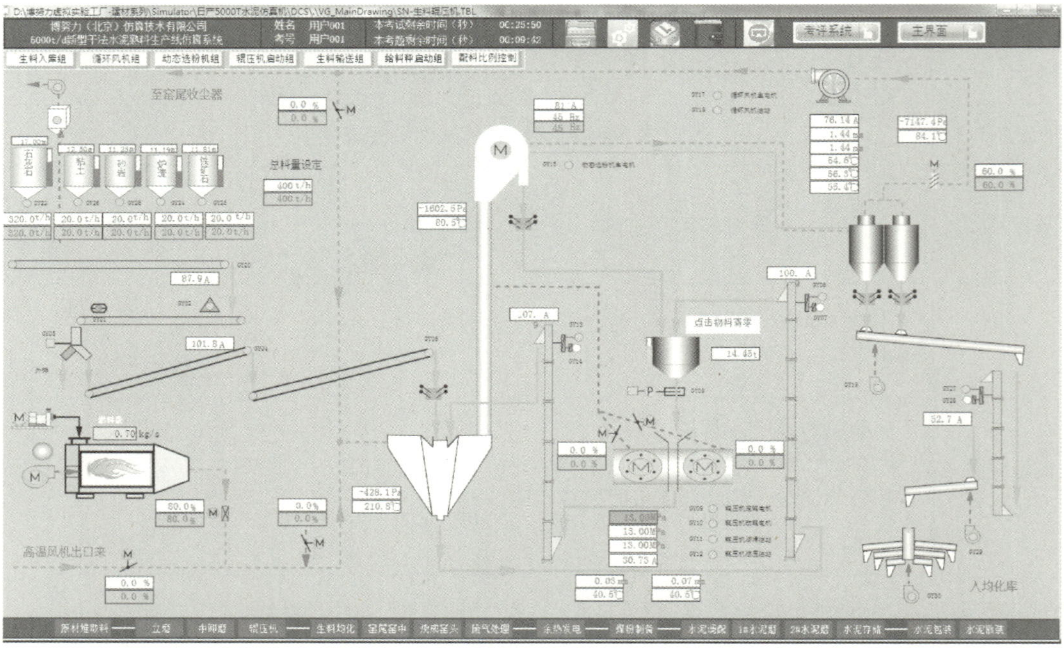

图 5-5-1　操作界面 1

故障判断：____

____

____

____

____

处理措施：

■ 引导问题13：根据中控界面参数变化（图5-5-2），判断系统故障，并做出相应处理。

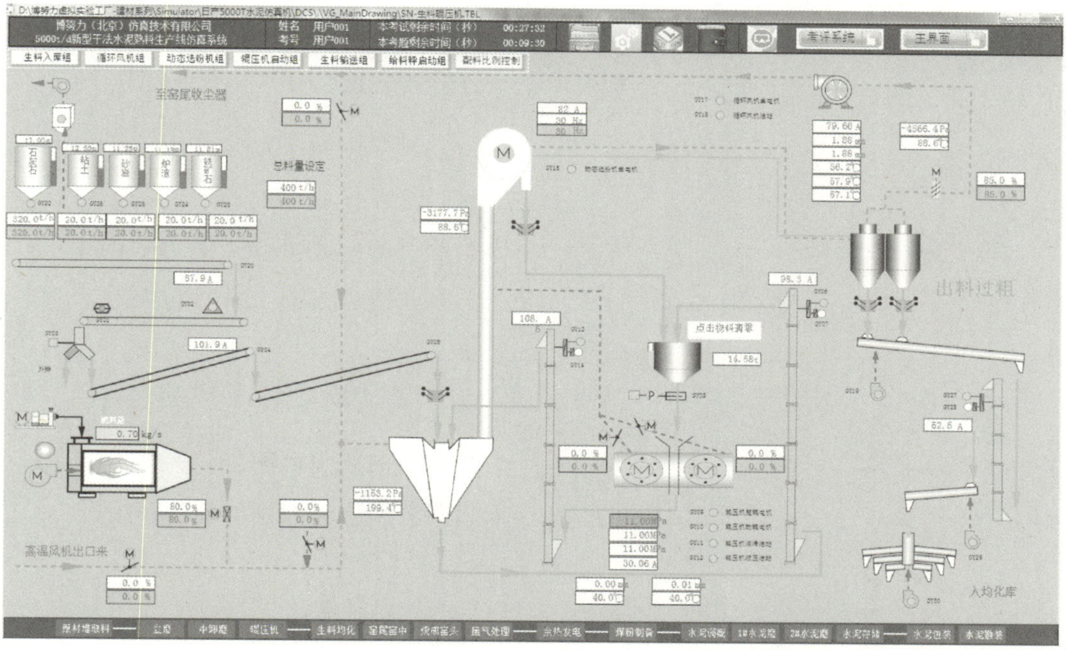

图5-5-2 操作界面2

故障判断：

处理措施：

学习任务6

生料均化操作

情境描述

为制备成分均齐的水泥生料，首先要对原料进行必要的预均化。但即使原料预均化得十分均匀，由于在配料过程中的设备误差、物料在粉磨过程中的某些离析现象以及各种人为因素等，出磨生料仍会有一定的波动。因此，必须通过均化进行调整，以满足入窑生料的控制指标。

生料均化效果好，不仅可以提高熟料的质量，而且对稳定窑的热工制度、提高窑的运转率、提高产量、降低能耗大有好处。

思政目标

低碳节能，优化操作。

专业目标

能说出生料均化链的四个环节；

能说出生料均化原理；

能指出生料粉气力搅拌的基本部件；

能说出均化过程的基本参数与均化效果的关系；

能指出连续式均化库的特点；

举例说明均化库充气制度；

能指出生料均化库的操作要点；

会处理生料均化库常见故障。

任务书

秦皇岛某水泥厂5000t/d规模新型干法生产线，采用IBAU均化库，请根据出磨生料的特性和煅烧水泥熟料对生料均匀度的要求（出磨生料中$CaCO_3$波动±10%，要求均化后缩小至±1%），完成水泥生料均化作业。

任务单见表6-1。

表6-1 任务单

专业班组		班长		日期	
操作任务：生料均化操作					
检查意见：					
签章：					

任务分组

学生任务分配见表6-2。

表6-2 学生任务分配表

班级		组号		指导教师	
组长		学号			
组员	姓名	学号	姓名	学号	

续表

任务分工	

工作准备

（1）阅读工作任务书，借阅或上网查询有关的资料，获取生料均化链、生料易烧性、生料均化原理、均化过程的基本参数等相关知识。

（2）收集生料均化设施、生料均化库充气制度、生料均化库操作要点以及常见故障等资料。

（3）结合任务书完成生料均化作业。

工作实施

■ 引导问题1：指出生料均化链的四个环节。

均化效率曲线

■ 引导问题2：什么是生料易烧性？

■ 引导问题3：生料均化的原理是什么？

小提示

生料均化原理

采用空气搅拌及重力作用下产生的“漏斗效应”（又称鼠穴效应），使生料粉向下落时切割尽量多层料面予以混合。同时，在不同流化空气的作用下，使沿库内平行料面发生大小不同的流化膨胀作用，有的区域卸料，有的区域流化，从而使库内料面产生径向倾斜，进行径向混合均化。

■ 引导问题4：生料粉气力搅拌的基本部件是什么？

______

______

______

小提示

生化库库底充气装置

生料粉气力搅拌法的基本部件是设在搅拌库底的各种型式充气装置，这些装置促进了各种均化法的发展。

均化库库底充气装置

充气装置的主要部件为多孔透气陶瓷板，空气通过多孔板进入生料粉中，这些空气细流使生料粉流态化。充气板是半可透性的，这是由于空气只能穿过多孔板向上流动，而当停止充气时，生料粉不能通过多孔板向下落。此外，还有水泥多孔板、各种结构的多微孔铸造金属板等钢性透气层和纤维材料制成的柔性透气层作为充气装置。各种均化法的共同特点是向装在库底的充气装置送入压缩空气，首先使生料粉松动，然后只在库底的一部分加强充气，使之形成剧烈的涡流。根据均化方法的不同，搅拌库底部的充气面积占整个库底面积的55%～75%。

■ 引导问题5：什么是均化度？

______

______

______

______

■ 引导问题6：什么是均化效率？

____

____

____

小提示

均化度

多种（两种以上）单质物料相互混合后的均匀程度称为这种混合物的均化度（M）。均化度是衡量物料均化质量的一个重要参数。生产中常用极差法、标准偏差法和频谱法来表示生料均化度及其波动情况。

均化效率

均化效率是衡量各类型均化库性能的重要依据之一。均化前后被均化物料中某组分（如生料 T_c 值）含量的标准偏差之比，就称为该均化库在某段时间 t 内的均化效率（H_t），即

$$H_t=\frac{S_0}{S_t}$$

均化时间与均化效率的关系为：

$$\frac{1}{H_t}=\frac{s_t}{s_0}=e^{-kt}$$

式中 H_t——均化时间为 t 时的均化效率；

t——均化时间；

s_t——均化时间为 t 时，被均化物料中某组分含量的标准偏差；

s_0——均化初始状态时，被均化物料中某组分含量的标准偏差；

k——均化常数。

生产实践证明，粉磨均化初期均化效率很高，随均化时间的延长，均化效率逐渐降低，一定时间后，效率不再提高。因此，不同均化库在进行均化效率对比时，要求：① 有相同的均化时间；② 被均化物料有相似的物理化学性能（例如，水分、细度、

被均化成分的含量等)；③ 经足够多的入库粉料试样分析，各对比库有相近似的波动曲线和标准偏差。

企业案例

某水泥厂生料均化库在均化时间为20min、40min和60min时均化效率分别为5. 26、7. 34和8. 60。当均化时间由20min增加到40min时，时间增加一倍，而均化效率仅增加0. 4倍；当均化时间由20min增加到60min时，时间增加2倍，而均化效率仅增加0. 63倍。

均化效率与均化时间的关系

均化时间/min	20	40	60
均化效率 H_t	5. 26	7. 34	8. 60
$1/H_t$	0. 19	1. 14	0. 12
均化时间增长率/%	100	200	300
均化效率增长率/%	100	140	163

■ 引导问题7：均化过程操作参数有哪些？

■ 引导问题8：连续式均化库的工艺特点是什么？

■ 引导问题 9：连续式均化库有哪些？各有何特点？

CF 均化库和
IBAU 均化库

企业案例

唐山某水泥一线是一条 4000t/d 生产线，由日本负责提供全厂工艺设备。设计中采用了德国彼得斯公司设计制造的混合室连续式生料均化库。这是我国从国外引进的第一套连续式生料均化库，于 1983 年年底投入使用。

■ 引导问题 10：简述均化库充气制度。

■ 引导问题 11：生料均化库操作要点是什么？

■ 引导问题12：若出现库顶加料装置堵塞故障，请分析可能的原因，并提出相应的处理措施。

原因分析：

处理措施：

企业案例

2012年2月19日晚上，某水泥厂生料车间，均化库顶巡检工接班后没有对库顶设备认真巡检。结果到凌晨7时，入库斗提机传动部位液力耦合器爆炸，导致入库斗提机压死。

■ 引导问题13：若出现库内物料下落不均或塌方故障，请分析可能的原因，并提出相应的处理措施。

原因分析：

处理措施：

■ 引导问题 14：若出现均化库底卸料装置堵料或漏料故障，请分析可能的原因，并提出相应的处理措施。

原因分析：

处理措施：

■ 引导问题 15：若出现均化库搅拌室内生料流态化不完全故障，请分析可能的原因，并提出相应的处理措施。

原因分析：

处理措施：

■ 引导问题 16：若出现回转空气分配阀震动或窜气故障，请分析可能的原因，并提出相应的处理措施。

原因分析：

处理措施：________________________________

____

____

____

企业案例

生料均化库存在问题及解决措施

某集团水泥有限公司 ϕ15m IBAU 型生料均化库，由于管理人员和中控操作员只注重其下料功能而忽略其均化功能，均化库作用不能充分发挥，存在诸多问题。例如，风机压力随换区波动较大致使计量仓仓重出现波动，以及生料均化效果差（*KH* 均化值 *H* 仅为 1.2 左右，远低于设计值 6～8）等问题。对此，通过调整均化参数、检查系统风道和阀门等处理措施，计量仓仓重稳定在（38±1）t，*KH* 均化值 *H* 提高到 3.8 左右，为稳定窑的煅烧打下了基础。

生料均化库存在问题及解决措施

■ 引导问题 17：完成下列有关生料均化安全操作的判断题。

① 当吸入大量粉尘时，作业人员要及时用清水漱口或者就医清洗。(　　)

② 某水泥厂为确保完成生产指标，安全防护设施损坏未恢复即开工生产。(　　)

③ 如需进入收尘器更换滤袋，必须办理有限空间作业申请。(　　)

④ 库顶清灰，可将粉尘、物料扫到库外。(　　)

⑤ 测量均化库库深时要预先通知中控员，防止正压粉尘伤人。(　　)

生料均化库安全操作规程

评价反馈

准备阐述材料，完成学习任务汇报表（表 6-3）和任务评价表（表 6-4），各组代表报告结果，介绍任务的完成过程。

表 6-3　学习任务汇报表

<table>
<tr><td>班级</td><td></td><td>组号</td><td></td><td>指导教师</td><td></td></tr>
<tr><td>任务目标</td><td colspan="5"></td></tr>
<tr><td>分工情况</td><td colspan="5">
<table>
<tr><td>姓名</td><td>任务分工</td><td>姓名</td><td>任务分工</td></tr>
<tr><td></td><td></td><td></td><td></td></tr>
<tr><td></td><td></td><td></td><td></td></tr>
<tr><td></td><td></td><td></td><td></td></tr>
</table>
</td></tr>
<tr><td>陈述讨论</td><td colspan="5"></td></tr>
<tr><td>学习成果</td><td colspan="5"></td></tr>
<tr><td>学习体会</td><td colspan="5"></td></tr>
</table>

表 6-4　学习任务评价表

班级：	姓名：		学号：				
学习任务 6	生料均化操作						
评价项目	评价内容	分值	评价			综合得分	
			自评	互评	师评		
职业素养 30%	态度端正，无缺勤、迟到、早退现象	5					
	穿戴整洁，仪表大方	5					
	积极参加教学活动，能按时完成工作任务	5					
	团队合作、与人交流能力	5					
	低碳节能，优化操作	5					
	安全意识、环保意识、创新意识、责任意识、服从意识	5					
专业能力 70%	能说出生料均化链的四个环节	8					
	能说出生料均化原理	6					
	能指出生料粉气力搅拌的基本部件	8					
	能说出均化过程的基本参数与均化效果的关系	10					
	能指出连续式均化库的特点	8					
	举例说明均化库充气制度	10					
	能指出生料均化库的操作要点	10					
	会处理生料均化库常见故障	10					
合计		100					

参考文献

[1] 韩长菊，杨晓杰. 生料制备与水泥制成［M］. 北京：中国建材工业出版社，2021.

[2] 肖争鸣，昝和平. 水泥工艺技术［M］. 北京：化学工业出版社，2006.

[3] 刘永杰. 堆料机行走机构啃轨原因及解决措施［J］. 水泥，2017（5）：38-39.

[4] 何纪刚，尚义华. 在线多元素分析仪在水泥生料配料中的应用［J］. 水泥技术，2019，206（2）：48-49.

[5] 许小利，张保龙，郑培军. 优化配料方案降低熟料成本［J］. 水泥，2019（4）：20-21.

[6] 伍小成. 基于液相的熟料率值控制方案探讨［J］. 水泥，2020（11）：27-29.

[7] 赵小雷. ATOX-50 型生料立磨进料装置改造［J］. 水泥工程，2018（4）：56.

[8] 侯善峰. MLS3726 立磨使用经验［J］. 水泥，2013（10）：42.

[9] 孙维亮. 海外项目生料立磨使用高湿物料生产实践［J］. 水泥，2017（10）：24-27.

[10] 吴存根. 沙特 SCC 项目 LM56.4 生料立磨设备故障分析和改进［J］. 水泥，2010（8）：41-44.

[11] 周文良. 生料立磨吐渣治理的技术改造［J］. 水泥，2020（8）：8-10.

[12] 张永林，李江桥. 生料制备由联合粉磨改为辊压机终粉磨的经验［J］. 水泥，2016（5）：31-33.

[13] 王超. 提高 TRM53.41 型立磨运行效率的优化改造［J］. 水泥，2016（1）：42-43.

[14] 孙长俊. ATOX-50 生料立磨的中控操作［J］. 新世纪水泥导报，2009（5）：45-46.

［15］曹旭．V型选粉机进料溜子的改造［J］．水泥，2018（6）：68-69.
［16］李征宇．TVR型动态选粉机在辊压机生料终粉磨系统的应用及技术分析［J］．水泥，2016（12）：31-36.
［17］马建英．辊压机生料终粉磨系统改造分析［J］．水泥工程，2017（5）：43-44.
［18］侯清发，王超．平凉祁连山原料粉磨系统辊压机终粉磨改造［J］．水泥工程，2017（3）：27-28.
［19］梁建筑．辊压机终粉磨系统生料细度不合格的改造［J］．新世纪水泥导报，2018（6）：77-78.
［20］王军，钟根，钟永超，等．浅析辊压机生料终粉磨系统稳定运行因素及措施［J］．水泥，2018（9）：34-37.
［21］贺孝一，赵峰．生料辊压机终粉磨系统中控操作优化及分析［J］．水泥，2013（7）：15-16.
［22］何永华，吴丽娜．生料辊压机终粉磨系统的调试与优化［J］．水泥，2019（12）：27-29.
［23］李拓，程俊生．5000t/d生产线生料辊压机终粉磨系统及烧成系统调试经验［J］．水泥，2014（12）：23-24.
［24］郑占锋．生料均化库存在问题及解决措施［J］．水泥，2013（11）：27-28.